實踐篇・解惑篇

怦然心動的人生整理魔法

人生がときめく片づけの魔法2

近藤麻理惠 著　游韻馨 譯

推薦序

給整理初學者、中輟生和畢業生的終極指南

《零雜物》作者　Phyllis

儘管在接觸《怦然心動的人生整理魔法》之前，我已經花費四年多的時間，將老媽過世後留給我一整座遺物山，和自己長年積累的物品清掉了八成，可是若缺少這本書的點化，我恐怕無法在短時間內使住處提升至「零雜物」的境界，並寫出一本融合個人經驗的在地化雜物清理指南。也因此，作者無疑是我生命中的貴人。如果有所謂的「整理之神」，麻理惠大概就是祂派來的天使。

我家目前只保留最必要的家具和物件，每樣東西都有自己專屬的位置。沒有塵蟎和雜物爲患，這個空間維持著清新的空氣與大量留白，而我也得以減少許多費時費力的清潔勞務，把能量用在更有意義的事情上。原以爲我的整理旅程終於走到了盡頭，往後只要輕鬆打掃、隨手將物品歸位即可，沒想到才讀完《怦然心動的人生整理魔法

2》，我又開始熱血沸騰地整頓起衣櫃和塑膠袋！

運用麻理惠的方法折衣服，單純的家事也能變成樂趣無窮的遊戲與挑戰。我的住處雖然不需要爭取收納空間，精簡過的少量衣物還可以全數掛上衣櫃吊桿，但不可否認的是，將非當季衣物折好挪往衣櫃下層之後，吊桿上的當季衣物似乎變得較具生命力、也更令人心動。塑膠袋也是，在被折成大小一致的平滑方塊並站進美麗的紙盒後，它們的模樣竟瞬間變得可愛討喜，眞是不可思議。

每個人的整理進度不同，然而在完成「丟掉」這個動作後，大家幾乎都會面臨如何讓物品妥善就定位的收納難題，而這本書傳授的正是整理魔法的進階技巧。剛起步的初學者與缺乏信心的中輟生，可以藉由此書獲得清晰實用的指引，與激勵自己堅持下去的力量。即使是像我一樣自以爲修完整理學分的畢業生，也仍能從中獲得令自己更爲精進的提醒與啓發。

對坊間眾多整理收納書籍感到無所適從的人，建議直接讀這本就好。與其零零散散地吸收相關資訊，不如讓整理知識一次到位。順道一提，我覺得麻理惠分明具有諧星潛質，因爲她描述平凡事物的特殊觀點經常逗得我咯咯笑。我覺得這本書就算當成闡述作者人生哲學的隨筆文集來讀，其實也相當有意思呢！

推薦序

不只整理生活空間，也整理人生與心的動人魔法

知名藝人　曾寶儀

《怦然心動的人生整理魔法》，書如其名，整理的不只是生活的空間，還有「人生與心」。

拿到第一集的時候，自認在收納界尚屬幼稚園階段的我迫不及待地一口氣讀完，當下彷彿被灌注了滿滿的作者內力，摩拳擦掌地想拿我那堆積了多年生活用品的房間大展身手。可惜，我忽略了書裡面一再強調、標明的整理順序，開始整理沒多久，就被翻出來的四大箱信件、卡片與照片困住了。

不開玩笑，整整四大箱！裡面充滿了從五歲起便留下來的回憶。基本上，我是不丟東西的人，所以裡頭甚至有當年上課時和同學偷傳的「練肖話」紙條，甚至是幼稚園的成績單（上面的老師評語還寫著「身體虛弱」，我小時候到底是有多虛啊？）。

著了魔的我把作者的叮嚀拋諸腦後，我好想就在那個當下重新整理我的前半生，然後重新開始。

於是，我花了兩個晚上，借了一台碎紙機，準備好好處理那四大箱信件、卡片和照片。那台碎紙機還是超級陽春的舊版，會在不斷清除、消化那些紙張卡片的過程中，數度過熱當機，你看看量有多驚人？我一張一張看著那些用紙筆記錄下來的回憶，又哭又笑。有些曾經書信往返頻繁的遠方朋友早已失去連絡多年，我回憶起自己曾經被如何美好地對待過，或是毫不留情地傷害著。除了一些非常有紀念價值的，我一一看完，謝謝它們，然後跟它們說再見。

最後，四箱變成一箱。在大功告成的那一刻，我深深呼吸了一口氣。那些再見了的曾經並非真的永別，而是好好地成爲心裡的養分與勇氣，讓我明白我可以如何珍惜當下，富足地走下去。

（那衣服、書、CD和雜物呢？咳！）

在我又拿到《怦然心動的人生整理魔法2》的書稿時，我知道作者的內力又來了。**Time to clean AGAIN!**

CONTENTS

第2章　如何打造讓自己怦然心動的居家空間？

第3章　按物品類別整理的「心動收納法」

第4章 這樣整理，打造怦然心動的幸福廚房

第5章 整理人生，讓它閃閃發光

前言

透過「整理魔法」，擁有讓自己心動的閃亮未來

眞正的人生，從「整理之後」開始。

因此，我希望能讓更多人早日完成整理作業。

我的人生有一大半時間都在研究「如何整理」，所以這是我最熱切的願望。

我想要出書跟各位分享**「一旦收拾整齊，就絕對不會打回原形的方法」**，於是在第一本書《怦然心動的人生整理魔法》中詳細介紹了具體做法。

容我開門見山地問：

你，完全徹底整理好了嗎？

是否按照書中介紹的方法整理、收納，並順利完成了呢？

或許有些讀者正處於「整理節慶」之中，對於整理這件事湧現無比的熱情。

另一方面，有些讀者可能剛開始進行整理作業，但目前遭遇了挫折；當然也有些讀者可能剛看完書、想要大展身手，但還沒眞正開始整理。

除此之外還有另一種可能，那就是「完全按照書中的方法整理，卻早就打回原形了」……你屬於哪一種呢？

無論你屬於哪一種，都無須擔心。這本書是專爲「有心整理卻還沒整理完的人」所寫的，只要閱讀本書，就能學會「完全徹底整理的方法」。

你認爲「完全徹底整理」是怎麼一回事？

整理的最大前提就是我在第一本書所說的「請先完成『丟掉』這個動作」，唯有以「能否讓自己心動」爲判斷標準，留下眞正讓自己有心動感覺的物品，才能順利完成整理這件事。

此外，不減少物品數量且一味地收納，或是沒完成「丟棄」這個動作，只會埋下日後打回原形的隱憂。整理收納法所說的打回原形（rebound），就是恢復原本雜亂無章的狀態。大多數人之所以會打回原形，問題出在整理到一半就停下來了。

既然如此，是不是只要丟東西就能做好整理作業呢？其實不然。

我想要告訴各位，不是「胡亂丟棄」，而是「留下讓自己心動的物品」，才能擁有理想的生活。

只要是能讓自己心動的物品，無論別人說什麼，大大方方地留下來就對了！就算留下來的東西登不上大雅之堂，只要好好地使用目前擁有的物品，愛惜手邊的事物，稀鬆平常的東西也能變成無可取代的寶物。珍惜物品，自然就能讓你珍惜自己。

透過整理這個動作，判斷該項物品能否讓自己心動，幾次反覆下來，就能提升你的「怦然心動感受度」。

成功提升怦然心動感受度之後，不僅可以加快整理速度，還能鍛鍊出判斷力，讓你在面臨人生抉擇時可以更快做出決定。

話說回來，自己究竟會對什麼樣的物品怦然心動？

說得誇張一些，如果想要知道自己是什麼樣的人，最好的方法就是去了解生活在這個世界上的自己「究竟會對什麼樣的物品怦然心動」。

我深深相信，了解自己，就是讓我們的生活，不，讓我們的人生怦然心動的原動力。

有時，我會遇到客戶向我訴苦：「如果要丟棄無法讓自己心動的物品，那麼幾乎沒有任何東西可以留下來了，我不知道該怎麼辦才好。」尤其是在整理完衣服之後，如此抱怨的客戶特別多。

不過，我希望各位千萬不要灰心。了解自己的感覺才是最重要的事，假如從未發現自己身邊的東西沒有一樣讓自己心動，就這樣走完一生，那才是眞正的悲劇。從整理完的那一刻起，一定要爲自己的生活與人生增添全新色彩，千萬別忘記這一點。

東拼西湊地學到各種整理的知識和技術，不代表你眞的會整理。這樣的做法不過是頭痛醫頭、腳痛醫腳的權宜之計罷了。

留下讓自己心動的物品，丟掉自己不心動的東西；接著，再決定留下來的物品的定位，而且用完後一定要物歸原位。整理時該做的，只有這兩件事。

若說上一本書的基本概念是「整理的九成得靠精神」，提倡「請先完成『丟掉』這個動作」，那麼這本書就是要讓你學會**「丟掉不心動的物品之後，如何創造理想的居家空間和怦然心動的生活」**。

此外，假如你從未看過我的書，請務必先從我的第一本書《怦然心動的人生整理魔法》開始讀起。

整理最重要的，不是「該丟掉什麼物品」。

而是「想要在什麼東西的圍繞下生活」。

衷心希望有緣閱讀此書的你也能透過「整理魔法」，擁有讓自己心動的閃亮未來。

第 1 章

什麼是「怦然心動的感覺」？

整理是「面對自己」的行為，打掃則是「面對大自然」的行為

「這次我一定要好好整理！今年年底，我決定徹底大掃除！」一提到年底，大家就會聯想到大掃除。每年的十二月左右，電視節目與報章雜誌紛紛推出專題報導，超市與生活用品專賣店也會開闢掃除用具專區。彷彿是在基因裡植入晶片程式般，一到年底，許多人就會想將家裡打掃乾淨，也讓年終大掃除這件事成為例行公事。

話雖如此，過完年後我最常聽到的卻是：「去年年底，我很努力地想要整理家裡，可是年都過了，家裡還是一團亂！」進一步詢問就會發現，有這類困擾的人幾乎都是一邊「整理」，一邊「打掃」——一看到不要的東西就順手丟棄，接著擦拭清除垃圾後終於見光的地板與牆面；清理完書架上的書本之後，再擦拭書架……**容我斷言，以這樣的做法，一輩子都整理不完，年終大掃除當然也會半途而廢**。實不相瞞，我家以前也是用同樣的方法「大掃除」，從來沒有一次在年底前將家裡整理得清潔溜

溜。

很多人都會將「整理」和「打掃」混爲一談，事實上，這是兩件截然不同的事。不先了解這一點，家裡永遠不可能變乾淨。

第一個不同之處，在於要處理的對象。**整理的對象是物品，打掃的對象則是污垢；整理是移動或收納物品，讓室內空間變得整潔清爽，打掃則是擦拭污垢、掃地拖地，讓室內空間乾淨無塵。**

當家中物品愈來愈多、變得一團混亂時，自己要負完全的責任，因爲是自己亂買東西，或是接收別人不要的物品，才會讓家裡的東西愈來愈多。除此之外，家裡之所以變得一團混亂，也是因爲自己用完東西後沒有物歸原位。總而言之，「讓家裡在不知不覺間變亂」的始作俑者就是自己。因此，**整理可說是一種面對自己的行爲。**

相較於此，污垢是一種「會在不知不覺間愈積愈多」的物質。灰塵等污垢每天都會慢慢累積，這是「大自然的道理」。因此，**打掃可說是一種面對大自然的行爲。**

想要清除在不知不覺間累積的污垢，就必須定期打掃。有鑑於此，**每年年底要做的應該是「大掃除」，而非「大整理」。**

話說回來，該怎麼做才能畢其功於一役，做好大掃除呢？最好的方法就是完成

「節慶的整理」。

讀過前一本書《怦然心動的人生整理魔法》的讀者都知道，我提倡的「整理節慶」是指一口氣、在短時間內、徹底做完，而且要先完成「丟掉」這個動作，再決定所有物品的收納場所。

只要做一次即可。下定決心完成「節慶的整理」，那麼一到年終大掃除的時候，就能集中心力做好打掃工作。

認為自己「不擅長打掃」的人，其實大多數的問題在於不懂得如何整理。許多完成「整理節慶」的客戶都會跟我說，他們一下子就做完打掃工作了。這些原本認為自己不擅長打掃的人，現在不只覺得打掃很輕鬆，甚至喜歡上打掃這件事。

順帶一提，**寺廟的修行過程有一項工作是打掃，而非整理**。

由於整理是判斷某項物品該留或該捨，並決定其擺放位置的作業，因此，整理時一定要思考。

另一方面，打掃只要動手，就能專心致志地清掃乾淨。

換言之，**整理是調整自己的內心狀態，打掃則是清除內心罣礙的行為**。

今年年底，請在大掃除之前先完成節慶的整理。不完成節慶的整理就開始打掃的話，絕對不可能真正讓家裡變得乾淨無塵。

不了解「心動的感覺」，就從靠近心臟的物品開始選起

「我……有心動的感覺。」

「這個……好像讓我有點心動。」

「這個物品給我的感覺介於『心動』與『不心動』之間。」

某次整理收納課的第一堂課，我與客戶站在四坪左右的房間裡，眼前是高達一公尺的衣服山，旁邊放著垃圾袋，只見客戶手裡拿著衣服僵在那裡。她先將手裡拿著的白色T恤丟回衣服山，再拿起旁邊的灰色開襟外套，盯了十秒，然後慢慢將視線移到我身上，對我說：

「我不清楚什麼是心動的感覺……」

碰觸時是否覺得怦然心動？

前一本書的讀者都知道，這是我提倡的整理魔法最大的重點。換句話說，就是

「只留下令你心動的物品，丟掉不心動的東西」。或許讀者們聽到我這麼說，有人會覺得：「原來如此！以心動爲判斷標準眞是太簡單了！」也有人一知半解：「怦然心動究竟是什麼樣的感覺？」我的客戶當然也不例外。遇到這種情形，我一定會要求客戶：

「請你在三分鐘內，從這堆衣服裡選出『最讓你心動的前三名單品』。」

我當然也對剛剛那位客戶提出同樣的要求，她想了一下說：「最心動的三件衣服啊……」然後立刻將手伸入衣服山中，很快地選出五件衣服。接著，她將衣服排成一列、變換順序，再放回衣服山，選出新衣服。三分鐘後，她一臉自信地告訴我：「最右邊的是第一名，中間的是第二名，左邊的則是第三名！」

我一看排列在地上的三件衣服，分別是印著綠色花朵圖案的白色連身洋裝、駝色毛海針織衫，以及藍色花紋裙。

「沒錯，這就是心動的感覺！」

我絕對不是在開玩笑。**想要了解什麼能讓自己心動、什麼不行，最好的方法就是把東西一個一個拿在手裡評比、選擇**。坦白說，除非是好惡分明的物品，否則無論是誰，剛開始要判斷某項物品能否讓自己心動，眞的很困難。「從這些衣服裡選出最喜歡的三件」——**唯有一個一個比較，才能眞正發現什麼東西會讓自己心動**。因此，同一類物品一定要一次選完。

我建議一開始先從衣服開始整理。不過，**雖然同樣是衣服，也有可以用來判斷心動與否的小祕訣，那就是從靠近心臟的衣服開始選起**。

爲什麼要從靠近心臟的物品開始挑選？

因爲，**心動與否的判斷基準不在頭腦，而是用心（心臟）去感覺**。下半身單品（褲子、裙子等）比襪子靠近心臟，上衣（襯衫、外套等）又比下半身單品靠近心臟，所以比較容易選擇。而細肩帶背心與胸罩等內衣類雖然是最接近心臟的單品，但數量又不夠多到可以比較、挑選，因此，一開始一定要從上衣開始選起。

這麼做之後，假如還是不清楚自己是否心動，就**不要光靠觸摸，不妨緊緊抱著那件衣服，好好感受**：當衣服靠近心臟時，自己的身體會產生什麼樣的反應？這時的感覺就是心動與否的判斷標準。換句話說，請透過觸摸、緊緊抱著，然後仔細端詳，利用各種方式好好面對那件衣服。

如果試過各種方法都無法做出判斷，也可以使出最後一招：穿上它。挑選過程中可能會出現許多想要試穿的衣服，我的建議是，先將想試穿的衣服另外堆成一座小山，選過一輪之後，再一次試穿完畢，這樣會更有效率。

剛開始，每個人都抓不準心動的感覺。**我有些客戶在拿起第一件衣服時，甚至要看個十五分鐘才能做決定。**

因此，無須擔心選一件衣服就花掉這麼多時間會不會失敗，請按照自己的步調來判斷即可。

說穿了，判斷心動與否的速度快慢純粹是經驗的差別罷了。在最初的階段花時間好好體會何謂心動的感覺，就能慢慢加快判斷的速度，所以絕對不能在這個階段放棄，這一點很重要。

順帶一提，我剛剛介紹的「心動排名法」也可以運用在其他類別的東西上。在挑選書籍或是跟個人興趣有關的用品時，假如遇到不知該如何選擇的情況，不妨試試心動排名法。試過之後，你一定會覺得相當驚訝，因為只要是同一類的物品，不只可以選出前三名，每一樣都能確實排名。雖說要將身邊所有的物品一一排名會花費許多時間，但在選出「前十名」「前二十名」的過程中，你就會找到自己的心動標準，發現「某個名次以下的物品已經完成了自己的使命」，這樣的經驗眞的很有趣。

「有總比沒有好」是整理時的一大禁忌

以我過去的經驗，最多客戶問的問題就是：「如果是不心動卻必要的物品，該怎麼處理？」

尤其是在整理冬天的禦寒內衣等注重實用性的衣服，以及剪刀和螺絲起子等「工具類」小東西時，很多人都不知道該怎麼處理這些「不心動卻必要的物品」。這個時候，我一定會這麼回答：

「無法讓自己心動的物品，不要擔心，丟掉就對了！」

當我這麼說的時候，如果客戶回答：「這樣啊！那我全部丟掉好了。」就沒有任何問題。不過，幾乎大部分客戶都會說：「但如果丟掉，要用的時候很麻煩。」或者「可是我有時候還會用。」如果遇到這種情形，我就會告訴他們：「這樣的話就不要丟，好好留下來吧！」

有些讀者可能認為我這樣的應對方式有些敷衍，不過，這是依據我過去大半生的整理經驗所得出的結論。

我從國中就開始認眞研究整理之道，在經歷過看到什麼丟什麼的「丟棄機器時代」，並發現「只留下心動物品」的重要性之後，我每天都在整理、收納，只要發現無法讓自己心動的物品，就會全部丟掉，不斷重複這個過程。

老實說，自從我實踐「一口氣丟掉」的方法之後，並沒有遇到任何不方便或覺得困擾的情形。而且這樣的做法讓我意外發現，原來家裡有很多替代品可以使用。

丟掉缺角的花瓶時，雖然第二天感到有點困擾，但我立刻想到用自己喜歡的布料包覆寶特瓶，拿來插花。

丟掉把手鬆脫的鐵鎚後，我就用平底鍋來敲釘子。

丟掉不喜歡的四方形音響喇叭之後，就改用耳機聽音樂。

那些東西需要的時候再買就好，而且在這種情形下，一般人通常不會隨便購買充數，反而會講究設計或實用性，**精心挑選後才下手購買，因此一定會找到自己最喜歡的商品**。精挑細選之下購買的東西，不但會讓人想要好好愛惜，也是最棒的物品。

整理不只是留下或丟掉物品這麼簡單，學習透過審視和微調物品與自己的關係，創造出比現在更讓人心動的生活，才是眞正的重點。當你眞的這麼想之後，是不是也覺得整理愈來愈有趣了呢？

我提倡的整理魔法會引發戲劇性的轉變，我深深相信，「不心動的東西就丟掉」的做法，才能讓自己在最短的時間內享受在心動物品圍繞下生活的滋味。

這個世界上絕對沒有「有總比沒有好」的物品，任何東西都是可以被取代的。

假如你正處於「整理節慶」，一定要記住，絕對不能以「有總比沒有好」為藉口，留下應該丟掉的東西。

面對「不心動卻必要的物品」，思考其真正的使命

誠如我先前提過的，我將無法讓自己心動的花瓶丟掉後，就以寶特瓶來插花。寶特瓶既輕盈又不會摔破，用完就可以丟掉，完全不占空間，而且還可以用剪刀剪出自己想要的高度，再用自己喜歡的布料包起來，就能變化出各種不同的樣式。雖然我現在已經買了自己喜歡的玻璃花瓶，遇到花材較多時，我還是會用寶特瓶製作讓我心動的花瓶。

以耳機取代音響喇叭的做法，最適合我的簡單生活。直到前一陣子爲止，我都還是以耳機取代喇叭，只要調高耳機的音量即可。這看在追求完美音質的人眼裡，是絕對不能允許的做法，但我的房間又小又窄，耳機播放出來的音質和音量正好適合我的生活空間，我相當滿意。

「丟掉」這個動作讓我在生活中找到不計其數的全新樂趣。

話雖如此，仍然會有例外。

最好的例子就是吸塵器。丟掉過於老舊的吸塵器之後，我堅持以面紙或抹布擦地板，但由於這樣的做法太花時間，我決定放棄，最後只好再買一部新的吸塵器。

還有螺絲起子。丟掉螺絲起子之後，我改用尺來鎖緊鬆掉的書架螺絲，沒想到用力過猛，我心愛的尺竟然斷成兩截，讓我欲哭無淚。

不只如此，丟掉穿在裙子裡的保暖內搭褲也讓我後悔不已。自從我不穿保暖內搭褲之後，我的身體無法保持溫暖，甚至引發膀胱炎，被醫生訓了一頓。當我再度穿上保暖內搭褲時，那種溫暖又安心的感覺，眞是無限幸福啊！

這些例外全都是年輕氣盛、一時衝動所犯下的錯誤，當時的我還無法判斷什麼是眞正讓我心動的物品，一看到外表老舊、平凡無奇的東西就想丟掉，根本沒發現其實那是讓自己心動的物品。我一直以爲，要讓心臟撲通撲通地跳，才是心動的感覺。

不過，現在的我不一樣了。

怦然心動不只是「令人沉醉」「可愛」「讓人開心」這類淺顯易懂的魅力，**對樸實的設計感到「安心」、覺得豐富的功能「很便利」，或者無來由地覺得「好用」，只要是「有助於維持」自己生活型態的物品，都是令人「怦然心動」的最佳夥伴。**

話說回來，沒辦法讓自己感到心動的物品，絕對不會讓你無法決定該丟或該留。

當你遇到「不心動卻丟不掉」的情形時，只要問自己三個問題：這項物品雖然曾經讓自己心動，不過如今已完成了它的使命？還是現在應該依舊覺得心動，卻感受不到它的魅力？或者，與心不心動無關，純粹是不能丟的東西？值得注意的是，第三項通常包括一定要保存的合約文件、印鑑、喪服、禮服、婚喪喜慶用品，以及任意丟棄後果將不堪設想、屬於家人或別人的東西。

解決方法其實一點都不難，只要遵守基本法則，把東西一個一個拿在手裡，仔細思考其「眞正的使命」，答案自然就出來了。

無論如何都沒有心動的感覺時，有個小技巧可以幫助你提升怦然心動感受度，那就是讚美「不心動卻必要」的物品。例如：

「這款黑色襯裙表面相當順滑，可以凸顯連身洋裝的剪裁線條，既不張揚，又清麗典雅，眞是太棒了！」

「雖然平常很少用到螺絲起子，但需要的時候，我不必用指甲轉動螺絲，一下子就能組裝好櫃子，這個設計眞是太聰明了！而且它樸實剛毅的外表和冰涼舒適的質感，是家中少見的新元素。」

雖然寫成文字看起來有硬要找出優點之嫌，但稍微誇張一些正是樂趣所在。**重點在於，眞正必要的物品一定可以讓自己感到幸福，因此絕對要積極地當成「心動物品」來看待**。

如此一來，戲劇性的轉變就會開始發生，即使只有實用性，只要是有助於維持自己日常生活的物品，就會讓你有「怦然心動」的感覺。我在整理收納課中都會要求客戶「一一慰勞自己使用過的物品」，事實上，這個做法可以幫助客戶更快判斷出這樣東西是否讓自己感到心動。

我的所有客戶都親身感受過這個做法的功效。每次在整理廚房雜物時，即使面對毫不起眼的平底鍋或打蛋器，他們也能大聲說出：「我好心動！」

此外，遇到客戶覺得「上班穿的正式服裝無法讓自己心動」時，我都會鼓勵對方思考為什麼會覺得那件衣服無法讓他心動。結果，問題通常出在他目前所從事的工作。由於他不喜歡自己的工作，才無法對上班穿的正式服裝產生心動的感覺。

即使是自己以為不心動的物品，其中可能包括讓我們心動的事物，也可能隱藏讓自己無法心動的原因。物品與主人之間的關係就是如此深奧。

藉由整理提升怦然心動感受度之後，就能慢慢了解自己。這也是整理的目的之一。

活用無用武之地的心動物品

「我很喜歡這件衣服，卻沒有機會穿，是不是應該丟掉？」

某次上課時，我的客戶很客氣地指著一件鮮豔的藍色鑲金邊花紋洋裝問我。那件洋裝的肩膀處有大量皺褶設計，高高隆起，裙襬還有五層荷葉邊，華麗的款式確實不是日常生活中會穿到的單品。仔細一問才知道，那件洋裝是她以前學舞時參加發表會穿過的衣服，不過她現在已經沒在上舞蹈課了，就算以後再報名學舞，也會穿新的服裝去參加發表會。換句話說，那洋裝永遠不會再有出場的機會。

「每次看到它，我都會很心動，可是既然沒機會穿，是不是只好忍痛丟了呢？」

「請等一下！」

我拚命阻止心不甘情不願地將那件洋裝丟進垃圾袋的客戶。

「乾脆把它拿來當家居服吧！」

「什麼？」客戶先是大吃一驚，後來立刻變得很認真，並且試探性地問：「當家居服穿會不會太奇怪了？」於是，我笑著反問她：「妳很喜歡這件衣服吧？」她想了五秒後說道：「我好久沒穿這件衣服了，現在就來穿穿看吧！」接著便拿起衣服，打開拉門跑到隔壁房間去了。

三分鐘後，她再次打開拉門，以跟三分鐘前完全不一樣的造型現身。原本她穿的是輕便的T恤與牛仔褲，現在則換上藍色洋裝。不僅如此，她還在綁起來的頭髮插上黃色花飾，更戴上金色耳環，而且仔細一看，連妝容也全都改了。一百八十度的轉變讓我十分震驚，完全不知該如何反應。只見客戶看著全身鏡，笑咪咪地對我說：

「沒想到還滿好看的呢！我今天要穿這樣繼續整理！」

雖然這個例子比較極端，不過一般人衣櫥裡都會有參加活動時穿的旗袍、女僕裝，或是以前學肚皮舞時買的舞衣等，換句話說，就是角色扮演的服裝，而且大多數擁有者都很喜歡這類衣服，總是捨不得丟。

遇到「很心動，也捨不得丟，卻沒機會穿出門」的衣服，不妨拿來當家居服穿。

有些讀者或許不太能接受這種做法，不過請先試一次看看。換上之後，如果你看著鏡中的自己，覺得穿這樣很蠢，那就乖乖地把衣服丟了吧。但是，假如比你想像中還好看，不妨就在日常生活裡享受非日常的驚喜感（不過一定要先跟家人說一聲喔）。在心愛的事物圍繞下生活，再穿上讓自己心動的衣服，家裡就成了自己專屬的天堂樂園。

因此，**面對讓自己心動的物品時，不要因爲現在用不著就輕易丟掉**。想辦法靈活運用讓自己心動的物品，也是整理節慶的樂趣之一。

例如，**將自己喜歡的藝人照片貼滿一整面牆，打造心動專區；將景色優美的明信片放在透明資料夾前方，既可遮住後方的文件，也能成爲展示重點。想辦法活用「目前已經無用武之地的心動物品」，就是整理的精髓所在。**

如果看到什麼就丟什麼，會讓居家生活完全失去心動的感覺，這中間的分寸一定要小心拿捏。

千萬不能將「雜亂」和「打回原形」混爲一談

「老師，對不起，我家又打回原形了。」

當我看到電子郵件裡的這段話時，全身都僵住了，心想：「這一天終於來臨了嗎？」

我開辦的個人課程都是到客戶家中教對方整理，到目前爲止一直維持畢業生回流率零的佳績。對於這樣的成績，常常有人開玩笑地說：「不可能是零吧？」「妳玩了什麼花招才算出『零』這個數字的？」不過，我眞的沒有一個客戶打回原形。這樣的成績並不誇張，只要學會正確的整理方法，每個人都能維持整齊的居家環境，絕對不會打回原形。

我原本心想：「從今天起，我要將自己的稱號改爲『前．畢業生回流率零的整理諮詢顧問』，還要向這位客戶道歉，並提出重修課程的建議了。」但我愼重其事地確認了一下寄件者之後，忽然有種被潑了一盆冷水的感覺，因爲那位寄件者根本不是上完所有課程的「畢業生」，她還剩下一部分的小東西與紀念品還沒整理，這個月月底要上最後一堂課。

即使如此，因爲之前我從未聽說過客戶在課程尚未結束前就打回原形，所以我認爲這件事一定是哪裡出了問題。

這封電子郵件的寄件人是A太太，她是個職業婦女，育有兩個小孩，分別是六歲和四歲，先生的工作也十分忙碌。

「對不起，我家現在跟第一次上課時沒有兩樣……」

當我去她家上最後一堂課時，客戶家裡確實相當凌亂。客廳角落堆滿衣服，和室散落著孩子的玩具，廚房還有一堆餐具，這樣的狀況完全不適合上課。

「我看先把決定好收納場所的物品放回原位吧。」

「這樣也好。對了，我前陣子也整理了公司的辦公桌……」

A太太一邊跟我聊天，一邊將物品放回定位：衣服折好，放回棉被壁櫥的抽屜裡；玩具收到塑膠整理箱中；布偶娃娃放進籐籃裡；孩子們玩完的紙屑丟進垃圾桶中；廚房調味料收回架上；洗好的餐具則收回餐具櫃裡。

三十分鐘後，客戶的家又恢復上次上完課後的整潔模樣，也就是地板與桌上完全不放東西的狀態。

「只要三十分鐘，就能將家裡收拾得這麼乾淨。」A太太說，「一忙起來就很容易忘記將東西放回原位，家裡每個月都會有兩、三次變得這麼亂，又打回原形了。」

老實說，這樣的狀況並不是打回原形。像A太太這種情形，只是日常整理時無法做到「東西用完後放回原位」這件事，讓家裡暫時處於雜亂狀態罷了。

「打回原形」和「雜亂」是兩回事。

打回原形是指原本已經整理乾淨的居家空間，卻因爲物品還沒有決定收納場所，導致一團混亂。就算稍嫌雜亂，只要所有東西都有自己的收納場所，就沒有任何問題。就連我自己也會因爲工作忙碌，每次出門都匆匆忙忙，一回到家就累到癱在床上、動彈不得，洗好的衣服常常堆了一堆都沒折。不過，我之所以能在這樣的情況下保持冷靜，就是因爲我知道只要有時間整理，家裡一定可以恢復原本的整潔狀態。相信自己「只要花三十分鐘就能整理乾淨」的想法，能讓自己安心不少。

整理的大忌就是只不過稍微雜亂一點，就誤以爲家裡又回到以前一團混亂的模樣。一旦產生這樣的誤解，會讓整理的熱情迅速冷卻，最後就會眞的打回原形了。

重點在於，整理節慶尚未結束前，就算家中稍微雜亂，也千萬不要灰心。第一步先將決定好收納場所（決定收納位置是整理節慶的最後一個步驟，因此在過程中會先安排一個暫存區）的物品放回原位，再靜下心來繼續整理。只要繼續整理，就能很快將雜亂的家裡整理乾淨，所以完全無須擔心。

整理節慶尚未結束前，每個人都會遇到上述情形，這時一定要回歸原點。當所有物品都有了自己的定位，才算是眞正完成整理工作。

徹底完成整理節慶，就絕對不會打回原形——請相信這一點，並繼續努力。

遲遲看不見終點而備感挫折時，該怎麼辦？

好不容易下定決心展開整理節慶，但這場節慶究竟何時才會結束？你是否也曾因為怎麼整理都整理不完，最後只好站在房間裡束手無策？

請放心，所有人在剛開始整理時都會有這樣的心情。

「麻理惠老師，我覺得挫折感好深喔！」

「我現在剛開始整理衣服，但老是整理不完，很快就放棄了。」

我的客戶或參加講座的學員經常跟我分享他們失敗的心情。

他們之所以感到不安，完全是因爲無法掌握家中的全貌。

這個時候，最好能清點家中的收納現況。我會請他們先靜下心來，寫下目前家裡有哪些架子或收納家具，以及這些收納場所放了哪些物品。可以寫在平面圖裡或者畫下來。

話說回來，一旦開始整理，一定會在意想不到的地方找出許多東西，這是很正常的。請不要太在意細枝末節，只要大致遵循那類物品放在哪裡的規則去寫即可。

每次進入第一次造訪的房子，我不會立刻就開始整理衣服，而是會先確認家裡有哪些收納場所。

「這裡面放什麼？」

「其他地方也有收納這類物品嗎？」

我會不斷重複這兩個問題，並記錄下來（記在腦海裡），掌握這個家裡放置物品的場所及數量。接下來，我會預估要花多少時間整理，以及最後會用什麼方式進行收納工作。

不過，這是我指導客戶整理收納時的做法。當你在清點自己家裡有哪些收納用品的時候，只要「掌握現狀並冷靜思考」即可。

花在清點收納現況的時間絕對不能太久，大約只要十分鐘，最長不能超過三十分鐘。

重點是一定要記錄下來。如果只是走馬看花地確認有多少收納場所，很容易給人「要花很多時間整理」的感覺，讓人無法充分掌握現狀，反而開始著急起來。

說穿了，清點收納現況的目的就是要稍微喘一口氣。一個一個寫下家中的收納場所與物品，可以讓人慢慢冷靜下來。不過，若是你寫到一半覺得「與其花時間記錄，不如好好整理」，也可以立刻停止記錄，千萬不要讓清點收納現況這件事阻礙整理收納的進度，避免本末倒置。

相反地，喜歡做筆記或紀錄的讀者，不妨徹底確認所有收納場所裡的東西，製作收納物品清單。充分掌握收納物品，可以加快整理的速度。

曾經有位客戶製作了一本「整理節慶筆記」，在第一頁描繪「理想的生活」，第二頁起則逐頁寫下「現狀」（整理的煩惱、現有的收納家具、現有物品分類清單）及「整理歷程」等進度表，甚至連整理時的心得與丟掉的垃圾袋數量都翔實記錄下來。

「每整理完一個分類，我就會貼上貼紙槓掉，這樣好有成就感喔！」

如果你也是對「記錄書寫」感到心動的人，不妨好好花時間寫下來。請找出適合自己的方法，讓整理的過程變得更令你怦然心動。

善用「震撼療法」，拍下整理前的照片

我的客戶T太太已經知道整理的方法，也仔細思考過自己心目中的理想生活。就在準備大展身手、開始舉行整理節慶時，興奮的心情卻瞬間跌落谷底。上完第一堂課的隔週，她寫了這麼一封電子郵件給我：

「我好想展開整理節慶，但一看到凌亂不堪的房間，我就遲遲提不起勁來……」

「我家有一個房間已經變成儲藏室了。」

「我的兩個小孩一直亂丟東西。」

只見她舉出各種讓她難以開始整理的理由，最後甚至說出：「B型的我可能天生就不會整理吧……」

雖然我很想教訓她：「不要說這些歪理，趕快整理就對了！」但我認爲她還會找

藉口，就代表她現在提得起幹勁。於是，我決定逆向操作，善用目前還看得到的凌亂模樣，幫助她感受整理的樂趣。

方法很簡單，就是用數位相機或手機拍下一片混亂的房間現況。不只是拍房間的全貌，還要從各個角度拍下抽屜裡的收納狀態，多拍幾張，並盡可能拍得完整。拍完之後就會發現，照片裡的房間比想像中還要凌亂——堆積如山的髒衣服、散落一地的文件資料，還有不知道爲什麼會出現在這裡的小東西。一般來說，以客觀角度拍下的房間現況，肯定會讓人備受衝擊、難以置信，進而失去整理的幹勁。但我並不是抱著看好戲的心情，刻意雪上加霜，讓客戶的心情更加低落。事實上，當一個人情緒低落時，與其拚命鼓勵、努力想要使對方開心，不如讓他再沮喪一點，反而可以更快提振心情，重新站起來。人早晚會厭倦負面情緒，這就是所謂的「以毒攻毒」。

拍下整理前的照片，不只可以在整理之前提振自己的幹勁，整理到一半，感覺疲累、無法繼續下去時，這些照片也會是很好的激勵工具。不只如此，在整理完畢之後，它們還可以用來呈現整理前後的戲劇性轉變，或是給朋友看，當作聊天話題，用途相當廣泛。

此外，隨著整理進度愈來愈快，客戶會逐漸遺忘原本凌亂的模樣。那麼，整理到一半時，如果拿出照片來比對，就會發覺「現在比剛開始的時候整潔許多」，更能激勵自己持續下去。

等到整理結束之後，再拿出整理前的照片來看，每個人都會驚呼：「這麼亂的房間到底是誰的啊！」這就是見證奇蹟的時刻。

偷偷告訴各位，每當我覺得沮喪的時候，就會坐在電腦前面，將所有悲傷難過的心情記錄下來，並且不停啜泣，讓自己的情緒跌到谷底，然後再好好地睡一覺。第二天醒來之後，就會覺得神清氣爽，不到一個月就能將所有負面情緒拋在腦後。

沮喪時寫的日記是絕對不能給外人看的私密物品，但隔了一年之後再拿出來看，幾乎都會成爲讓我會心一笑的回憶。

不管家裡有多亂，都要謹守「不氣餒、不中斷、不放棄」的三不原則

我從事這一行已經九年，造訪過無數自嘲「家裡很亂」的客戶家中，經過長年訓

練，對於可以預期的凌亂程度早就習以爲常：房間一角堆著三、四堆衣服山，相當稀鬆平常；打開門之後，堆積如山的書淹沒到腳踝，也是司空見慣的場景；甚至還有房間裡堆滿瓦楞紙箱的……總之，無論多凌亂的空間都嚇不倒我。

儘管身經百戰，第一次踏進K小姐的家裡時，我還是忍不住倒吸一口氣，以爲自己踏進了陰陽魔界。

K小姐自己開公司當老闆，一樓是辦公室，二、三樓則是居住空間。辦公室看起來很清爽，然而，穿過走廊往樓上前進，打開連接居住空間的門之後，就像走進了奇幻世界，這種感覺眞是不可思議。

一打開門，就看見動線正中央放著貓砂盆，四周則散落著看似貓餅乾的飼料，想要避開這些障礙物進入家中，可說難如登天。果然，我一進門就踩到了跟巧克力球一樣大的貓餅乾。正當我對於弄髒拖鞋感到不好意思之際，一抬頭，眼前的光景讓我立刻將剛剛弄髒拖鞋一事拋在腦後。

我的眼前出現了一座由書本堆出來的樓梯——正確地說，應該是樓梯的每個台階都堆放著三、四本書，完全看不見原本由木板鋪成的樓梯。

我看得瞠目結舌，K小姐在一旁解釋：「我的書太多了……頂樓的倉庫也放滿了書。」她邊說邊移動穿著拖鞋的雙腳，踩著輕盈的步伐，彷彿熟練的木工師傅般輕鬆踏上那每踩一步，堆疊的書本就會左右滑動的危險階梯。我不禁在心裡擅自想像：「如果從樓梯上摔下去，後腦勺一定會正中貓砂盆……她這樣擺放，莫非是某種防盜措施？」邊想還邊緊抓著扶手，亦步亦趨地跟在K小姐後面往上走。

平安上樓之後，只見客廳的牆被一整排書堆到看不見牆面，幸好我對這樣的場景早已見怪不怪。不過，就在穿過客廳、來到K小姐的臥室時，我看見一處神祕的「衣服洞」。

以「衣服洞」來形容眞是一點也不爲過——房間兩側全是掛在吊桿上的衣服，看起來就像洞窟一般，視野變得相當狹窄，光線也不足，感覺十分陰暗。

第一堂課就讓我受到震撼教育，與K小姐的一對一課程如今仍在持續中。坦白說，我花了很多工夫指導她，持續的時間絕對會刷新一對一課程的最長紀錄。

儘管如此，現在K小姐的家已經與剛開始時截然不同。K小姐很喜歡藝術品，每個月至少會去看三次美術展，因此她家裡到處都能找到陶器或名畫複製品等擺設。每當東西減少、牆壁重見天日時，她就會去買自己喜歡的畫回來掛在牆上。莫內與雷諾瓦的畫作掛滿房間的一角，營造出個性十足的藝廊空間，完全看不出原本陰陽魔界的模樣。

即使如此，K小姐有時還是會問我：

「整理過的地方確實維持得很整潔……不過，我花了這麼多時間上課，真的會成功嗎？」

我立刻回答：

「不用擔心！妳的整理過程相當順利。」

整理是一種物理性作業。每個人擁有的物品有限，因此不管家裡有多亂，只要留下心動的物品，並決定所有東西的定位，整理作業一定會結束。

隨著整理進度愈來愈順利，居家環境就會逐漸接近讓自己心動的理想空間，因此絕對不能半途而廢。

一旦展開整理節慶，就要謹守「不氣餒、不中斷、不放棄」的三不原則。

我可以肯定地告訴各位，無論家裡現在有多亂，一定都能打造出令你怦然心動的居住空間。

請記住，整理不會騙人。

反過來說，只要不持續動手整理，整理節慶就沒有結束的一天。

如果你中途放棄，請不要再猶豫了，現在立刻重新展開「整理節慶」吧！

就算是完全不會整理的人，也能體驗戲劇性變化

你屬於會整理，或是不會整理的人？

在展開整理節慶之前，我都會問客戶這個問題。通常，我會得到三種答案：「會」「不太會」，以及「完全不會」，比例大概是一：三：六。

如果是會整理的人，我第一次前往拜訪時，往往會發現對方把家裡收拾得井然有序。

由於他們會使用各種整理技巧，因此提出的問題都很具體，例如：

「吸塵器應該收在棉被壁櫥還是儲藏室裡？」

「我都將毛巾放在盥洗室的這裡，這樣可以嗎？」

如此採取一問一答的方式，解決對方的問題。這類人比較容易以心動為判斷標準來選擇，只要稍微調整一下收納方式，課程很快就結束了。

而不太會整理的人通常都有自己的一套方法，維持現狀不會有太大問題，只不過有些美中不足——儘管收納得很整齊，但裡面還是有不心動的東西，而且同一類物品分別收在不同地方，變得相當複雜……上課時，我都會遵守基本原則，從判斷心動與否開始做起：請客戶將所有衣服堆在房間一角，一件一件拿在手上確認是否心動。

至於完全不會整理的人，我通常會在第一次造訪對方家裡時，就開始舉行整理節慶。我自詡爲整理變態，但這類人家裡混亂的程度，讓我不禁懷疑對方是不是爲了測試我的實力，才故意將所有東西丟出來，甚至還有客戶說出「**我一直以爲房間就是倉庫**」這樣的驚世名言，眞的令我大開眼界。此外，在確認每件衣服的心動程度之前，還必須先清出一塊空地，並用吸塵器吸過之後，才有空間將衣服丟在一起。

坦白說，無論你是哪一種人，都能成爲「會整理的人」。

不過，說到哪種人最能產生戲劇性變化，將家中整理得一絲不苟，那絕對是「完全不會整理的人」。

愈是自認爲不會整理、絕對學不會整理技巧的人，一旦變得會整理，之後就愈能展現出驚人的毅力，維持整理好的房間。

覺得自己會整理或不會整理的想法，不過是一種先入爲主的觀念。

問題就出在你不了解正確的整理技巧，所以從未看過整理乾淨的居家環境是什麼樣子。就是這麼簡單。

假如你認爲自己不會整理，家裡混亂到不知如何是好，絕對看得到整理帶來的戲劇性變化。

我曾經收到某位先生寫給我的電子郵件，他告訴我，自從他太太上完我的收納課之後，整個人「就像變了一個人似的，每天都很認眞地整理」。根據那位先生的說法，他太太以前「完全不在乎家裡乾不乾淨或亂不亂。」

「她從來不低頭，也不回頭，東西拿出來之後絕對不會放回去，而且絲毫不覺得這樣做有什麼問題。跟她結婚以來，都是我在整理家裡，但現在她就像變了一個人似的，每天都很認眞地整理。她不只是好好折衣服，還會將包包裡的東西全部拿出來收好，而且到現在依舊每天維持著這樣的習慣，讓我相當感動。」

你能想像這樣的變化可以爲你的人生帶來多大的改變嗎？

請放心。

即使是自認爲一輩子都學不會整理的人，「整理之神」也絕對不會拋棄你。

不過，唯有下定決心好好整理，才能獲得「整理之神」的青睞。

假如你不是打從心底想要實現夢想，絕對不可能改變自己的人生。

更棒的是，在好好整理之後，你還會收到來自「整理之神」的珍貴禮物。

每個人擁有的物品有限，整理作業一定會結束

每當有人問我：「整理節慶通常要花多久時間？」我一定會回答：「最多半年。」不過，我通常會在眞正造訪過客戶的家、調整下次的課程內容，並約定上課時間後，才會給出這樣的答案。

自從出書之後，許多讀者按照書中內容實踐麻理惠整理魔法，然後紛紛寫信給我，分享他們的整理心得：「我才花兩天半就讓家裡整齊得像飯店一樣。」「我利用五天連假，將所有東西整理完畢，就連紀念品也徹底整理好了！」速度快到連我也不敢置信。

當我問那些很快就完成整理節慶的人，他們是否都擁有了「讓自己心動的理想生活」，結果並非如此。他們只是按照書中介紹的方法，按部就班整理而已。

「遺憾的是，我家從來沒有整理好。」

「我整理到一半就放棄了。」

「我家整理好之後又打回原形了。」

如果你處於這樣的狀態，不妨好好思考以下這些問題：

在開始整理前，你是否想像過自己心目中的理想生活？沒有先設想自己希望擁有什麼樣的生活就去整理，等同於沒有決定終點就往前跑。在整理節慶的途中就意興闌珊、備感挫折的人，很可能就是因爲沒有先做好這一點。

你眞的完成「丟掉」這個動作了嗎？我已經說過，絕對不能一邊丟東西一邊收納，還沒丟完東西就想要收納，會讓你永遠整理不完。

在判斷東西該留或該丟時，你是否眞的遵循基本原則，將所有衣服或書籍都集中在房間一角，並丟在地上呢？將同一類物品統統集中在同一處，就能掌握自己擁有的數量。想要在不了解自己有多少東西的情況下完成整理工作，這樣的做法雖然很勇敢，但我認爲太過魯莽了。

在確認物品是否讓自己心動時，你是不是眞的一個一個拿在手上判斷？想確認衣服是否讓自己心動，卻讓它們掛在衣櫥裡，這樣的做法不管花多久時間都無法提升自己的怦然心動感受度，也無法磨練出對心動物品的評斷眼光。唯有透過整理，了解什麼東西讓自己心動、什麼東西無法感動自己，才能培養出精準的判斷力，這就是整理最大的功效。若是忽略這個做法，就浪費了你將家中整理乾淨的意義了。

你是否確實按照正確順序，展開整理節慶？按照衣服、書籍、文件、小東西、紀念品的順序來整理，才是正確的做法。在尚未培養出心動判斷力之前就開始整理照片，你會永遠整理不完，而且會一直覺得很挫折。請務必按照正確順序重新整理一次，確實完成整理節慶。

你是否先從客廳開始整理？按照場所或房間進行整理，是整理之後一定會打回原形的原因之一。請記住，不要按「場所類別」整理，按照「物品類別」整理才是正確的做法，這一點非常重要。

家裡是否還有尚未決定好收納場所的東西？唯有等到每一樣東西都有了自己的收納處，整理節慶才算完成。將物品「收在定位」，才能發揮它天生的光彩，也讓自己更加愛惜所有物。

最後要檢視的是：你是否「**在短時間內一口氣徹底完成節慶的整理**」？看到戲劇性的轉變、讓自己備受衝擊之後，你就會湧現出「我再也不要住在雜亂的環境裡」的想法，讓居家空間永遠不會打回原形。

現在就請下定決心：「我要徹底完成節慶的整理，擁有理想的生活。」

不要怕，只要下定決心，任何人都能學會整理，而且整理完之後，絕對可以擁有怦然心動的人生。

第 2 章

如何打造讓自己怦然心動的居家空間？

即使是「灰色地帶」的物品，只要決定留下來，就好好珍惜

「不曉得該不該留的東西，就先放在『三個月沒用就丟掉的物品暫存箱』裡。如果三個月之內都沒用到，到時再一起丟掉。」

這個理論看似合理，實際執行起來也很容易，不過，我很反對這樣的整理方法。話雖如此，我自己也試過這個方法，結果發現一點都不適合我。

這個整理方法不只合理，規則也很簡單，而且要丟掉時還能告訴自己：「這樣東西已經三個月沒用了，丟掉也是應該的。」由於當時的我太喜歡整理了，連我自己都覺得「會不會丟太多了」，對於丟東西這個行爲感到無來由的愧疚，因此，我覺得這個方法很適合我，還很難得地維持了兩年半。

我的做法是，將所有「心動度不上不下，卻無法丟棄的灰色地帶物品」放在衣櫥右邊地上的紙袋裡，並在所有物品上以便條紙標明三個月後的「審判日」。後來因爲這類東西沒有那麼多，就省略標明審判日的步驟。接著，只要照常過日子即可。

從結論來說，那些放入紙袋裡的東西，從此之後眞的都沒用過。

這個做法原本是爲了拯救要被丟掉的東西，照理說應該會讓我很開心才對。然而，每次一看到衣櫥右下方的紙袋，我的心情就會變得很沉重。「往右上方吊掛收納」的衣櫥爲我帶來的心動感，卻因爲右下方的紙袋，而反轉成了倒V曲線，一下子盪到谷底。

爲了不浪費那一袋留下來的東西，我決定將袋子移到衣櫥左邊，但這樣做根本沒用。於是，我在拆信時，硬是拿出不用也沒關係、朋友旅行時買回來送給我的竹製拆信刀；明明手邊已經有一堆用不完的心動筆記本，卻因爲「三個月快到了」，不小心又買了新的卡通人物筆記本回來，最後新的筆記本也只用了一、兩次而已……**隨著時間過去，我開始在心中計算三個月何時才會到。而等到審判日終於來臨，決定要把那袋東西丟掉時，我又不禁感到愧疚：「我眞是太沒用了……最後還是沒有用到你們。」這時的罪惡感比三個月前高出三倍。**

弄到最後，我根本忘了這回事，完全沒碰那個紙袋，就這樣度過了最後的半年。

由於那樣的日子我持續了兩年半，如果可以，我一定會要求過去的我跪坐在我面前，讓我好好訓斥一頓。既然是自己捨不得丟掉的物品，就不要分開收納，大大方方地留下來。

話說回來，在未來的三個月裡會不會用到，只要回顧之前的三個月有沒有用到，就可以知道答案了。

站在物品的角度來看，我的做法就像是在跟它說：「我對你沒有心動的感覺，之後應該也用不到，不過，這三個月就請你先乖乖待在這裡吧。」當著它的面發表「不心動宣言」就算了，還把它跟其他夥伴隔離開來，然後每次見到它時還喃喃自語：「我眞的不心動耶……」通常這些東西最後還是會被丟掉，這種情形跟嚴刑逼供根本沒兩樣。

想要爲自己找藉口，就用「這個東西三個月沒用到了，只好丟掉」的說法來減輕罪惡感；爲了營造合理的情境，就把該項物品跟它的夥伴隔離開來，這樣做根本就是犯罪。

分開收納就代表你容許自己家裡存在著「不心動卻留下來」的物品。

最終極的整理之道，就是只從該留該捨之中做選擇。

既然如此，一旦決定留下來，就要好好珍惜那樣東西。

不要給物品三個月的緩刑期，決定留下來的，就好好珍惜。如此一來，不僅心情不再陰鬱，之後也不會產生罪惡感。另外，請將物品與它的夥伴放在一起，不要刻意分開收納，還要經常去欣賞，就不會忘記它的存在了。

假設你已經決定「今年夏天如果沒用到某樣東西，就要跟它告別」，那麼，趁著它還存放在家裡的這段時間，只要一看到它，就懷抱著「謝謝你在這裡陪伴我」的感謝心情，把它當成心動物品來對待。如果這麼做還是無法讓你心動，或者發現它的任務已經完成了，就好好地跟它說一聲：「謝謝你這些日子以來的陪伴。」然後痛快地丟掉吧！

這個觀念很重要，容我再強調一次：

即使是「灰色地帶」的物品，只要決定留下來，就好好珍惜，無須躲躲藏藏。請將灰色地帶的物品當成心動物品來對待，用心愛惜它們。

將家裡打造成宛如美術館的「心動空間」

包括整理現場在內，我每天都會看到許多物品，在這個過程中，我發現一件事：

一項物品之所以吸引人，取決於三大魅力。

這三大魅力分別是：物品本身的美感（先天魅力）、使用者投射在物品上的情感（後天魅力），以及物品本身的歷史與貴重感（經驗值）。

我的興趣不多，優閒地逛美術館是其中之一。我很喜歡繪畫與攝影作品，不過，我最喜歡到處欣賞餐具與茶壺等生活用品。**美術館裡的展示品不只是物品本身有價值，還受到許多人喜愛，而且在愈來愈多人的注目之下，昇華成美術品與工藝品。**明明怎麼看都只是個普通的碗，卻散發出強烈的魅力，令人沉醉不已。我可以斷言，這些物品都曾經是主人細心呵護的珍寶。

在指導客戶整理的過程中，我也經常遇到蘊含神祕魅力的物品。

有一次，我在指導客戶整理餐具時，發生了一件事。我的客戶N小姐一家人從很久以前就住在一棟風格獨具的透天厝裡，已經住了四代。她家的餐具數量多到嚇人，分別放在餐廳的大型餐具櫃、廚房的木作櫃子，以及儲藏室的箱子裡。我請N小姐將所有餐具拿出來排列在地上，結果發現竟然可以排滿將近一．五坪的空間。N小姐這時已經整理完餐具以外的小東西，心動判斷力正處於最佳狀態，只見她小聲地說：「這個盤子讓我好心動，這個杯子則不心動……」清脆悅耳的餐具撞擊聲迴盪在整個空間裡。

此時，我除了思考廚房該如何收納之外，也在觀察客戶的一舉一動，並欣賞各式餐具。我發現N小姐一直盯著某個放在「心動區」裡的小盤子，便問她：

「那個盤子對妳來說很重要吧？」

N小姐驚訝地回答：

「不是這樣的。其實我根本忘了自己有那個盤子，它的設計並不是我喜歡的樣子，但我就是對它很有感覺。」

那是一個灰色的素面小盤子，上頭沒有任何裝飾，質地很厚實，感覺相當樸素。「心動區」裡大多數的盤子都是有著各種美麗圖案的陶瓷器，讓那個小盤子顯得相當突兀。

N小姐對這件事一直耿耿於懷，上完課之後，便立刻去問她媽媽關於那個小盤子的來歷。一問之下才知道，原來那是她奶奶生前最喜歡、最珍惜的盤子。

「而且那還是爺爺親手做給奶奶的禮物呢！我完全不知道這件事，卻對那個小盤子特別有感覺，真的很不可思議！」她在寄給我的電子郵件裡還分享了許多跟那個小盤子有關的故事。

後來，我再次造訪N小姐的家，發現那個小盤子被擺在佛壇上，用來盛裝小點心。小盤子為佛壇營造出一股溫暖的氣氛，令人印象深刻。

在周遭留下自己最喜歡、最讓自己心動的物品，投注大量情感，就能將家裡打造成宛如美術館的心動空間。

受到主人珍惜、喜愛的物品，自然會蘊含一股獨特的氣質與風格，這是我從N小姐的親身經驗所獲得的啓發。

從一張照片想像自己希望擁有的理想生活

「請先完成『丟掉』這個動作。」

相信各位讀者都知道，這是麻理惠整理魔法的鐵則之一。在揀選物品之前就想著要怎麼收納，會讓你永遠無法做好整理工作。因此，在最初的階段一定要專心丟東西。

正在展開整理節慶的人應該已經體會到，雖然剛開始會猶豫不決，不過一**旦丟上**

手，就會覺得丟東西十分痛快。此時一定要注意，這種痛快的感覺可能會讓你陷入危機。千萬不能因爲丟東西很痛快，就變成「丟棄機器」。

丟東西無法讓你的人生產生怦然心動的感覺。

「整理」這件事的重點不在於丟棄，它的最終結果是要你留下讓自己心動的物品。完全不留下讓自己心動的東西，生活在空空如也的空間裡，這樣的日子絕對不可能開心。整理眞正的目的，是要讓你在心動物品的圍繞之下生活。

這就是在拉開整理節慶的序幕前，我都會要求客戶「想像自己心目中的理想生活」的原因。

我希望各位都能做到一件事：不要爲理想生活設限。

「我想要過少女般的生活，家具和寢具都要是白色的。」

「我希望牆上裝飾著畫作，營造奢華的品味。」

「我要在家裡擺放許多觀葉植物，打造宛如生活在森林中的感覺。」

所謂「理想」，並不像目標那樣帶有義務性質。既然是理想，就別客氣，不妨盡情妄想。

話雖如此，相信還是會有讀者無法想像自己希望擁有的理想生活。如果你也是這種人，建議你可以找一張接近自己理想生活的照片。雖然在腦子裡想像也是很不錯的做法，不過，**若能擁有一張「讓你想要在這種房子裡生活」的照片，絕對可以激發整理的幹勁**。

尋找照片時還有一個重點，那就是一定要在短時間內一口氣地找照片。如果覺得這件事不急，心想：「以後如果找到好照片，再把它當成理想生活的範本好了。」這種心態會讓你永遠找不到符合你理想的照片。

最好可以多找幾本居家裝潢雜誌，比較雜誌上的照片，一次搞定。絕對不要昨天看看A雜誌，今天看看B雜誌，這樣做雖然比較有趣，但由於每天心情都會改變，久而久之，你會搞不清楚自己想要過什麼樣的生活。況且，刊登在雜誌上的居家空間都很美侖美奐，每張照片看起來都很吸引人，如果每天看不同的雜誌，很可能今天覺得「日本人還是要住和室才有感覺」，明天卻認爲「亞洲度假風也很不錯」，這樣根本無法找到符合理想的照片。

一口氣看完所有照片，比較容易發現會讓自己心動的特色，例如「喜歡白色房間」，或是「與其重視品味，不如在家裡擺放觀葉植物，效果更好」等等。

現在就到圖書館或書店翻找居家裝潢雜誌，快速瀏覽一番吧！最好將符合理想的照片貼在筆記本裡，或者擺在書桌上當裝飾，讓自己隨時都能看到。

一朵花就能瞬間營造出華麗熱鬧的氣氛

「以心動與否來判斷東西該留該丟、並整理完畢後，房間變得十分清爽乾淨！不過，我總覺得似乎差了點什麼，好像還沒做完。」

遇到有這種煩惱的朋友，我會請對方拍下家裡的照片給我看。結果，我發現他們的家都有一個共通點：缺乏色彩。

完成丟棄作業後，接下來就要增添心動感。一般來說，只要充分活用現有的物品來裝飾家裡，就能解決這個問題。不過，假如你過去很少有機會以心動與否來挑選物品，就必須重新找出會讓自己感到心動的東西。事實上，生活中缺乏心動物品的人，最需要的就是色彩。

此時最好的做法，就是將窗簾與地毯等家飾換成自己會爲之心動的顏色，或者將自己喜歡的畫作掛在牆上作裝飾。話雖如此，一般人其實很難立刻做到。

那麼，究竟該怎麼辦才好？不瞞各位，**最簡單的方法就是在家裡插花**。

不擅長插花的人，也可以在家裡擺放觀葉植物。

我從高中時代就開始在房間裡插花，而且是一朵一百日圓左右的非洲菊……

以前我曾經思考過，爲什麼我會如此講究色彩，結果我發現，原因就在於伴隨我一路成長的媽媽料理。我媽媽每一餐都會做許多菜，而且顏色相當豐富，這可能就是我長大之後很注重色彩的關鍵。有時媽媽做出一桌子豐盛的菜色之後，仔細一看才發現，餐桌上都是牛蒡燉雞、香菇炒豬肉、茄子味噌湯、涼拌豆腐佐海藻醋等褐色料理，她就會將番茄切成片狀，裝飾在盤邊，讓菜餚看起來鮮豔、美味。

令人驚訝的是，這一個小小的巧思竟能讓整桌菜看起來更加誘人，全家人開心地一起用餐。

居家擺飾也是同樣的道理。在平凡無奇的房間裡裝飾一朵花，就能瞬間營造出「華麗熱鬧」的氣氛。

我以前參加過一個電視節目，在節目中指導某位女藝人整理她的居家環境。

這位女藝人的家是樓中樓，樓上是辦公空間，樓下則是臥室。辦公空間的裝潢風格較具實用性，除了地板堆著裝滿資料的瓦楞紙箱之外，基本上還算整潔，我大概看過之後，就下樓前往臥室勘查。一來到臥室，我看見一個截然不同的世界，不禁瞠目結舌。

一開門，直接映入眼簾的是六部裝飾在牆面書架上、柏青哥店常見的斯洛機台。每個機台的面板都畫上卡通圖案，閃閃發光，一一拉下各機台的拉霸，就會發出「嚓鈴！叮！」的機械音。我曾經看過有人在家裡擺設飛鏢盤或麻將桌，但這是我第一次看到有人在家裡安裝可以玩的斯洛機台。不僅如此，我還發現衣櫥裡擺著兩部沒插電的斯洛機台。

「斯洛機台是最能讓我心動的東西！」

看著她滿臉笑容又充滿自信地介紹她的收藏，讓我體會到一件事：**斯洛機台對她而言，是「比花還重要的珍貴物品」**。

整理完畢後，以閃閃發光的斯洛機台為主角的臥室，就是最能讓她怦然心動的人間天堂。

與其住在空盪盪的簡潔房間裡，在完全無法讓自己心動的物品圍繞下生活，不妨大方展示出自己會為之心動的東西，這樣的房間才是屋主最需要的居住環境。

上過我的課的客戶，在剛整理完畢時，家裡都會變得十分整潔，而且從此之後會慢慢進化成洋溢著心動感的居家環境，例如一年後，他們就會將「最讓自己心動的物品」擺設在家裡最顯眼的位置，或是將窗簾和寢具換成可愛、漂亮的色調。

「丟掉才是整理」的想法大錯特錯。

好好留下讓自己心動的物品，大方擺設在家中，度過怦然心動的每一天——這才是整理的眞正目的，千萬不要忘記這一點。

讓「心動卻沒有用的物品」重新找到存在價値

「我不知道該怎麼使用這樣東西，可是每次看到它，心裡就暖暖的。我只要擁有它就覺得很滿足！」

每當客戶拚命向我解釋他想留下某件物品的原因時，通常手裡拿著的都是一塊碎布、壞掉的胸針，或是舊的手機吊飾等不知該如何使用的小東西。

我已經說過，**只要是可以讓自己心動的東西，就別管別人會怎麼想，大大方方留下來就對了**。仔細收在盒子裡，偶爾拿出來把玩，也別有一番樂趣。不過，既然要留下來，就得想辦法充分發揮心動物品的價值。

尤其是那種別人看起來不明所以、唯有自己才會對其怦然心動的東西，更要擺在家裡最顯眼的位置。

小東西的擺設方式大致可分成四種：模型或布偶等展示品（**擺飾類**）、鑰匙圈或手機吊飾等垂掛品（**垂掛類**）、明信片或包裝紙等需要黏貼的物品（**黏貼類**），以及布塊或手巾等可以包覆任何物品的包裝材料（**包裝類**）。

首先從「擺飾類」開始介紹。顧名思義，面對這類物品，就是直接將其擺放在家中即可。不只是裝飾品和公仔，其他原本不是以擺設為目的的小東西，也可以大方展示出來。

將各式各樣的物品排列在一起，看起來容易顯得雜亂，此時不妨利用盤子、托盤、籃子或墊子區分出展示範圍，再放上「擺飾類」物品即可。這個做法可以讓東西收納得很整潔，事後也較容易清理。如果你偏好自然風格，或是家裡有專用的展示櫃，也可以直接擺放。

除了擺在顯眼處，裝飾在收納家具裡也是一個好方法。

我有個客戶就在收納胸罩的抽屜縫隙處裝飾著一朵大型胸花，並在花蕊處插上鑲滿萊茵石的青蛙胸針，讓青蛙若隱若現地露出可愛的臉。

「每次一打開抽屜，我就會看到那隻青蛙，心情也跟著變得十分愉悅。」她那開心描述的模樣，我一輩子都不會忘記。

接下來要介紹的是「垂掛類」物品。舊的手機吊飾、無法再用的鑰匙圈、現在不會拿來綁頭髮的造型髮圈……這類物品最簡單的活用法，就是掛在衣架頸部，爲其增添風格。

綁在禮物上的緞帶不夠長時，也可以用「垂掛類」物品來固定緞帶，或是將其纏繞在戴膩了的項鍊上面，以這樣的方式運用在長形物品上。

除了最基本的衣架頸部之外，還可以垂掛在牆上勾子的根部或窗簾軌道的兩端，只要是能掛東西的地方都可以嘗試。如果手機吊飾太長，掛起來不好看，不妨剪短或綁起多餘的繩子，調整出最好看的模樣。

若是遇到「吊飾太多，家裡沒有足夠的地方可以掛」的問題，也可以將所有吊飾串成一串，感覺更具變化。

我有一位客戶就將自己收藏的人偶吊飾串成一個小門簾。將相同的人偶臉部緊密串在一起，搖搖晃晃的模樣看起來非常特別。客戶想要表現的是「樂園入口」的情景，這也讓此處成爲家中最令人心動的場所。

第三種則是「黏貼類」物品。將無處可貼的海報貼在收納空間裡，是「麻理惠整理魔法」最基本的訣竅。**棉被壁櫥的壁面、衣櫥門片、櫃子背面、抽屜底部等，所有收納空間的內側都能爲居家空間添加心動感**。

無論是布料或紙張，只要是可以讓你心動的物品，不妨盡情張貼。

使用透明收納櫃時，如果直接看到裡面雜亂無章的模樣，未免有點可惜。這時，你可以在抽屜前方插上自己喜歡的明信片作裝飾，就成了全世界獨一無二的「怦然心動透明收納櫃」。

如果你有一些手巾，你很喜歡它們的圖案，不妨將它們隨意縫在灰色素面的不織布西裝套上，這樣就能讓衣櫥裡面瞬間變得華麗、熱鬧（若覺得縫東西很麻煩，也可以用安全別針固定手巾的上半部）。

除了明信片、包裝紙、布塊和手巾等可以直接黏貼的物品之外，你也可以拆開自己很喜歡其圖案的紙袋，或是剪下舊月曆上面的圖片來貼。總之，善用各種方法，讓自己身邊充滿心動物品，是絕對不容錯過的技巧。

最近我在客戶家裡看到最多的，就是在一塊板子上貼滿理想家園、喜歡的藝人，以及想去的國家的照片，把所有能讓自己心動的事物網羅於一堂。這種做法就是「黏貼類」裝飾法的集大成，有興趣的讀者不妨嘗試看看。

最後要介紹的，是「包裝類」物品的裝飾法。所有的布質物品，例如多餘的布塊、手巾、環保袋，以及雖然很喜歡其圖案、款式，卻因爲尺寸不合而穿不下的裙子等，都可以運用這個方法。

你可以將它們做成電線套，像包便當一樣收起過長的電線，或者把它們當成防塵套，換季時用來包覆電風扇等電器。

每年春天來臨，要收起大棉被時，可以將棉被捲起來、擠出多餘的空氣，然後收進環保袋裡。如此一來，即使沒有眞空收納袋，也可以將棉被收得小巧，不占空間。

平時喜歡縫縫補補的讀者，只要拆掉布質物品的縫線，並將布邊縫起來，即可創作出各種收納用品。如果你喜歡的是布料的圖案，只要隨興包覆，看起來就很美觀。

重複這樣的過程，你的家就會在不知不覺間充滿讓你動心的事物。如此一來，無論你看向何處，都能怦然心動。不管是打開抽屜、打開衣櫥，或者在門片背面與櫃子深處，到處都是滿滿的心動感，恍如置身夢境一般……你現在立刻就能實現這樣的夢想。

目前在你家裡的每一樣東西，都是你因爲某種原因而帶回來的。因此，**不要忽略那些心動卻不必要、也派不上用場的小東西，現在就把它們拿出來好好運用吧！**

我相信，每一件物品都希望能爲自己的主人盡一份心力。

說到這裡，在進行整理節慶的過程中，如果發現這類「沒用處的心動物品」，不妨先將它們當成「裝飾品」收集在一處，最後再一起裝飾在房子裡。如果不想等到最後才一口氣用這些東西來裝點家裡，也可以在發現這類物品時分別裝飾，但這樣做的小缺點是，一旦不知道該怎麼擺設，就會打斷整理作業，阻礙整體進度。

最後再一起裝飾還有一個好處：當整理節慶來到最後關頭，家裡變得相當乾淨，怦然心動感受度上升到最高點時，你心中就會不斷湧現裝點居家空間的靈感。

打造私人空間，擁有自己專屬的「能量景點」

我有個客戶將原本當成儲藏室的兩坪大空間整理成自己的房間來使用。他把現在沒用到的單人沙發搬進房裡，並用鋸子鋸斷舊櫃子，做成一個矮書櫃。接著，他拿出自己最喜歡的布取代壁紙，再用水晶去裝飾燈具，做出水晶吊燈的感覺。這一切全都是手工打造的。他花了三個月創造出來的私人空間，看起來就像祕密基地，每次孫子來家裡玩的時候，都會窩在這裡。

「待在這個地方讀書、聽音樂，眞的很幸福。」

請務必在家中打造一個由自己做主、只擺放心動物品的「私人心動空間」。沒有空房間的話，也可以利用衣櫥的角落，以自己喜歡的藝人照片或卡片來裝點那個空間。

有自己專用書桌的人，不妨在桌面上營造一個「私人心動空間」；掌管廚房的主婦，也可以利用廚房一角。我有一位客戶就將孩子的照片、手印及母親節收到的字條釘在軟木板上，在廚房一角營造出讓自己怦然心動的區塊。她很開心地跟我說：「我現在做菜的時候，覺得比以前還幸福！」

重點不在於設置的地點，空間小一點、窄一點也無所謂，擁有一個由自己做主的「私人空間」，將會爲你的人生帶來無限好處。

這種感覺就像在寒冷的冬天擁有一個暖呼呼的暖爐一般，讓人十分安心。在家裡打造一個「私人心動空間」，就能讓人擁有無限的幸福感。換句話說，**私人空間就像**

一處自己專屬的「能量景點」❶。

我有個客戶很喜歡香菇，她不只買了香菇圖案的明信片，還有用南瓜雕刻成的香菇模型、以小香菇串成的鑰匙圈、香菇造型手機吊飾、香菇造型耳扒、香菇蒂橡皮擦等各種小東西。

「我最喜歡香菇的外形了，摸起來柔軟有彈性，這種低調的感覺很吸引我。還有，它生長在樹蔭下的特性，就像日本傳統女性一般溫柔婉約。」

客戶熱情地跟我分享香菇的魅力，一臉陶醉的模樣，充分傳達出她對香菇的熱愛與無限的喜悅。不過她的心動物品有個美中不足之處，就是所有的香菇商品都處於密封狀態。

明信片放在塑膠袋裡，模型和手機吊飾還收在購買時所附的包裝盒中。所有的香菇商品都像洋芋片超值包一樣，隨興塞在一個大型鋁盒裡。

我問她多久打開盒子來欣賞那些收藏，她告訴我：「每個月一次。」換句話說，就是一年十二次。假設她每次花兩小時欣賞香菇，一年就只賞玩二十四小時而已。

如果我的客戶是香菇商品批發業者，這種狀況還算可以理解。不過，以一般情形而言，再這樣下去，她最心愛的香菇有一天絕對會發霉。

「私人空間」就是解決這個問題最好的方法。請盡情展示所有可以秀出來的東西吧！充分發揮心動物品的特色，正是整理的樂趣所在。

首先，我請她把所有香菇圖案的明信片拿出來，直立插在透明收納櫃的抽屜前方，然後再將香菇圖案的布料蓋在壁櫥裡的客用棉被上，這樣不只遮住棉被，還能防塵。接下來就是把香菇造型鑰匙圈與手機吊飾掛在衣架頸部，做得相當逼真、摸起來彈性十足的香菇模型則全部放進籃子裡，展示在書架上沒擺書的地方。就這樣，她利用壁櫥一角打造了一個「私人心動空間」。

請想像自己家裡就有一個全世界最令你心動的能量景點，當一天工作結束，拖著疲憊的身體回家，躲進那個空間充電時，會有多幸福。

你是否也想在家裡打造一個能量景點？

不用擔心，每個人都做得到。

當你發現東西減少了，待在家裡卻不覺得心動時，請務必收集所有經過嚴選的心動物品，打造出屬於自己的「私人空間」，如此一來，你的居家時光一定會過得更加愉快。

❶能量景點指的是能量集中的特殊場所。造訪這樣的地方，吸收當地的靈氣或能量，以求帶來好運或療癒身心，是日本近年來很流行的旅遊方式。

第 3 章

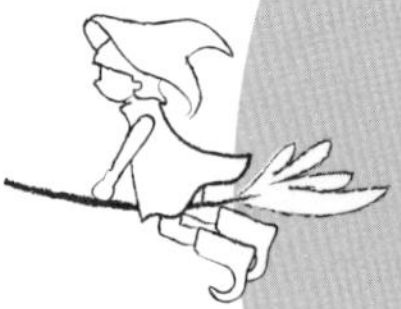

按物品類別整理的「心動收納法」

整理時，物品先放在暫存區，最後再決定收納位置

正當整理得十分順利時，心裡卻浮現一絲絲不安。

儘管東西的數量減少了，卻遲遲無法決定要收在哪裡。而且不是說要整理嗎？爲什麼家裡看起來還是這麼亂，難道是我多心嗎？

大多數人在整理過程中都會出現這樣的感覺與不安情緒，請放心，這絕對不是你多心。這種情形最常發生在整理完衣服與書籍，進入整理小東西的階段時。

老實說，這種不安的感覺也曾經困擾我很久。

不過，請各位放心，**在展開整理節慶的過程中，房間一團混亂是很正常的事情。**

由於小東西的類別很多，在整理的過程中，家裡一下子就會變得很亂。而且，**每次挑選完心動物品之後，都會忍不住想要立刻收納，不過，這樣的做法會讓整理陷入危機。**

我自己也有過這樣的時期。那時我要求客戶在按照物品類別選出心動物品之後，

就要立刻決定收納場所。

例如，選好文具後，就要放在這個抽屜裡；選好工具後，就要收在那個儲藏室中。像這樣以「一選完就收納」的方式讓家裡變得乾淨清爽，而且看起來頗具專業架式，我就是被這種膚淺的虛榮感所迷惑。

話說回來，由於每個人擁有的物品不一樣，小東西的分類方式也會不同，因此在整理完所有雜物之前，很難預測整理完畢的模樣。

有些客戶會有自己的分類方式，例如美工刀對他而言不是「文具」，而是「從事雕刻這項興趣的工具」；或者，看到懷爐之後才發現，它比較接近剛剛整理完的藥品類。如此一來，可能會讓整理好的抽屜滿出來，或者後來才發現物品收納得很零散，反而讓自己更加慌亂，腦筋一片空白。

到頭來，我很可能得要求客戶將剛剛收好的小東西全部拿出來，重新分類，重複相同的過程，增加客戶的困擾。

在經歷過幾次失敗之後，我發現，應該「最後再決定如何收納」。

將所有的物品挑過一遍之前，沒有人知道自己到底擁有多少東西，也沒人知道自己的所有物應該分成幾類。

因此，在以心動與否做判斷的過程中，不要試圖決定收納場所。**最正確的做法，就是將同一類物品集中在一個地方，並將此處當成整理節慶的暫存區，然後繼續進行挑選作業即可。**

具體而言，可以將利用心動判斷法挑選出來的物品，分別放入寫著「文具類」「藥品類」等類別的空箱裡。

此時的重點就是，留下的物品一定要放在「箱子」裡，**千萬不能放在紙袋或塑膠袋中。收在袋子裡不容易看清楚自己到底留下多少東西，因此一定要避免。**雖說是暫存區，也要事先想好收納完畢的情景，這一點極為關鍵。

在挑選物品的過程中，如果要更換物品分類，例如發現「這款指甲剪比較適合另一個類別」，亦可隨意更換。

接著，在判斷完所有小東西的心動程度後，只要依照物品類別直接收納即可。

碰到東西數量太多，無法在一天內挑選完畢的情形，可以將整個箱子暫時收在櫃子裡，這樣就不會占據生活空間。此時一定要記住，這只是暫時收納，無須太過講究，保持輕鬆的態度就好。

此外，**在整理節慶的過程中，如果遇到透明收納箱等收納用品被清空了，基本上**

絕對不要丟棄，暫時先保留。你可以將所有「清空的收納用品」集中在一處，在最後的收納階段就能派上用場。

不過請注意，當丟棄的物品數量很多、大型收納箱明顯無用武之地時，請務必立刻將它們丟掉。

收納時要先考量物品的材質

老實告訴各位，我個人決定收納場所的方式相當隨興。即使如此，我還是可以收納得十分整潔，祕訣就在於「材質」——我在決定整個家的收納場所時，一定會「按照材質收納物品」。

換句話說，我會先確定這樣東西是布製品，還是紙製品，或者是用泥土燒製而成，然後再將材質相近的物品放在一起。

我個人認爲，最常見的三大材質分別爲「布製品」「紙製品」，以及「與電力有關的東西」。從最原始的材質來分類，不僅簡單，而且這三類東西的數量也最多，可說是家裡最容易散亂四處的代表性物品。

最具代表性的「布製品」就是衣服，你可以將與衣服相近的東西，例如手帕、小包包、圍裙、床單等全部收在一起。

「紙製品」的代表物品就是書籍，與其相近的東西則包括文件、記事本、便條紙、明信片與信封等。

而一說到「與電力有關的東西」，就會讓人聯想到家電、電線與記憶卡等。

除了以上三大類之外，還有包含化妝水與乳霜在內的「水製品」，所有食物則都歸納爲「食品」，而餐具類還可大致分成「陶瓷類」「玻璃類」等。

不可諱言的，並非所有物品都能純粹以材質來分類，同一個類別中也可能出現以不同材質製成的產品，因此光是以材質爲準無法完成收納工作。不過，**收納時最重要的關鍵，就是一定要「考量物品的材質」**。

收納時考量物品材質，不僅可以讓外觀整潔清爽，也讓收納這件事變得很簡單。

至於要從材質來考量的原因，是我多年來嘗試各種收納法的心得。更重要的是，這樣做可以讓收納完畢後的氣氛變得截然不同，感覺相當清爽。

材質會讓物品呈現不同的質感。使用布料或紙張等植物類材料做成的物品會不斷呼吸，散發溫暖的氛圍；塑膠製成的東西，亦即石油材質的物品，會像油一樣無法透氣，讓人彷彿要窒息；而電視與電線等電器，就會散發些微電器味道。

此外，將氛圍相近的物品收在一起，可以營造出一致的氣氛，收納完畢後還會讓整體空間顯得格外清爽。我的客戶根據物品材質分類、收納之後，也都有這樣的感覺。

順帶一提，分別比較牆面與收納場所都以木頭製成的居家空間和擺放許多不鏽鋼家具的房子，以及書籍較多和家電較多的房間之後就會發現，即使排除灰塵與通風等條件，各自營造出來的氣氛還是明顯不同。

由此可見，居家空間的氣氛是取決於物品的材質。

所以，一**定要遵守「按照材質收納物品」的原則**。

我小時候每次吃完拉麵，都很喜歡用筷子撥開漂浮在湯上面的油。「按照材質收納物品」所營造出來的清爽感，相當接近分開湯（海水）和油（陸塊）的時候所體驗到的那種清爽的感受。

運用「便當」美學的抽屜收納法

「我已經丟了好多東西，但總覺得『還差了點什麼』，我是不是應該繼續丟東西才對？」

K小姐在上課的時候提出了這樣的問題，那是我第三次造訪她家，當時整理的進度相當順利，但她就是覺得「還差了點什麼」。

隨著整理進度愈來愈順利，發覺屬於自己的「適切數量」那一刻就會來臨。**我稱之爲「適切數量的轉捩點」，亦即只留下心動物品之後，你會在某一瞬間感受到：「啊！原來我只要擁有這些就能幸福地生活啊！」**

最近有許多讀者看了我的書、開始實踐整理魔法之後，紛紛告訴我：「我終於感受到適切數量的轉捩點了！」

以剛剛提到的K小姐爲例，只要仔細觀察她的收納空間就能找出原因。打開櫥櫃裡的抽屜，雖然發現折好的衣服都以直立收納的方式整齊排列，不過旁邊留下了大約五件衣服的空隙；拉開下一個抽屜，就會發現裡面有一半是空的。沒錯，她所有的收納空間都顯得零零落落。

K小姐對我說：「我已經丟掉不少東西，這些空間是爲了擺放以後買的新東西而保留的。」我可以理解客戶的心情，但這種做法其實潛藏著嚴重的陷阱。

收納的基本原則是「九成收納」。換句話說，選出心動物品之後，就要把東西放滿抽屜或隔層，呈現的狀態應該是不擁擠，也沒有縫隙。

人類的天性就是只要看到縫隙就會想要塡滿，若以「七成收納」或「寬裕收納」爲目標，不只無法發覺適切數量的轉捩點，還會在不知不覺間慢慢增加自己不會心動的物品，最後就會演變成「看來還是要再買一個收納家具才行」的地步，恢復原本一團混亂的狀態。

不可思議的是，這時只要將多餘的空間塡滿，就能立刻感受到適切數量的轉捩點。

在我的建議下，K小姐移動抽屜裡衣服的位置，將空間塡滿，並利用剩下的空間收納文具和串珠工具。一番更動之後，放在外面的透明兩層收納櫃已經完全清空，所有物品只要收在主衣櫥裡就夠了。

規畫收納空間時，不妨學習「便當」的盛裝方法。在四方形盒子裡放置隔層，再塡滿各式各樣的菜餚，這就是日本聞名於世的飲食文化。放眼全世界，沒有任何一個國家像日本一樣如此講究只吃一餐的便當菜色，不只每年舉辦鐵路便當大會，更不斷開發出新的便當食譜。

若說便當裡蘊藏著日本特有的收納美學，一點也不爲過。便當的關鍵字就是「按味道分類」「講究美觀」，以及「塡滿所有空間」。如果把「按味道分類」改成「按材質分類」，那麼從這一點來看，抽屜收納與便當的盛裝方法可說如出一轍。

抽屜收納容易失敗的原因還有一個，就是過度劃分區塊。將抽屜劃分成收納棉質與羊毛衣服的不同區塊，這樣的做法並沒有任何問題，但完全不需要另外以收納箱或隔板劃分區塊。

收納布製品時，一定要特別注重「相偎相依」的感覺。由於布製品的原料是植物，就像有生命一般，因此收納時一定要維持可以呼吸的距離，同時又要讓它們能感受到彼此的溫暖。收納時，想像相鄰的物品手牽著手、臉貼著臉整齊排列在一起，就會湧現令人放鬆的安心感。

現在很流行將襪子或內褲收在分成一格一格的收納商品裡，看起來像蠶寶寶一樣，事實上，這樣的收納方式相當危險。

當家裡有足夠的收納空間時，這樣做不會造成任何問題，但這個方法其實會浪費空間，反而降低收納效率。一旦布製品收納得過於寬鬆，冷空氣就會穿過纖維，導致布料本身變得十分虛寒。

反過來說，如果收納得太過擁擠，不僅不方便拿出來，也會讓物品無法呼吸，這一點要多加小心。

收納聚酯纖維等輕薄又柔軟的化纖類製品時，往上堆疊很容易垮下來，不妨先放在小盒子裡，與其他衣服區分開來。此外，收納皮帶等非布製品的小配件時也要隔開來，看起來比較美觀。

重點在於，只要收納之後可以看清楚什麼東西放在哪裡即可。將拿取物品的方便性視爲附加條件，就是成功收納的訣竅。

收納四原則：折疊、直立、集中、隔成四方形

在展開整理節慶的過程中，最能讓人享受祭典感覺的情景，就是將所有物品集中在一處的時候。

首先從衣服開始介紹。某次上課時，我請客戶將所有衣服堆在房間正中央，再一件一件拿在手上，感受自己是否爲之心動。客戶在確認的過程中慢慢體會到以心動與否爲判斷標準到底是怎麼一回事，就在即將進入收納階段時——

「哎呀！我該去接小孩了。」

儘管房間還處於節慶狀態，但由於時間已經到了，根本無法繼續上課。最後迫不得已，我只好對客戶說：「那就請妳有空的時候自行整理到下一次上課的進度吧！」離開前，**我告訴客戶「收納四原則」，也就是「折疊、直立、集中、隔成四方形」**。這四項原則不只適用於衣服，還能活用在其他物品的收納上。

所有可以折的東西都要折疊。除了衣服之外，還包括圍巾、手套、小包包等布製

配件，以及塑膠袋、洗衣網等任何可以改變形狀、蓬鬆柔軟的物品。**「蓬鬆柔軟＝內含空氣」，因此可以透過折疊去除多餘的空氣**。如此一來，就能減少東西的體積，增加收納量。

收納的第二項原則是：**所有能立起來的物品都要直立收納**。基本上，折好的衣服要立起來收在抽屜裡，其他像是文具類、藥品類與袖珍包面紙等本身具有硬度、可自行站立的物品，也要全部採用直立收納。直立收納可充分運用到收納空間的高度，還能一眼看出物品數量，可說是一石二鳥的收納方式。

第三項原則「集中」的意思就是**「將同類物品集中收納在同一個地方」**。假如你是與家人同住，可以先按物品的所有人分類，再依物品與材質進行分類，按照這個順序集中收納，事情就會變得很簡單。

最後一項原則要充分運用四方形隔板。基本上，房子是由四方形組合而成，因此，收納與劃分區塊時也以四方形爲宜。利用空盒收納的時候，四方形的盒子會比圓形的適合。

如果你覺得「判斷物品的心動程度已經分身乏術，沒有心思記住收納四原則」，不妨先從前兩項做起。

請跟著我一起唸：「愈折愈順利，直立好手氣！」一邊收納，一邊像是唸咒語似地唱誦，就能瞬間減少物品數量，讓抽屜看起來整潔清爽！

折疊外形獨特的設計款衣服時，多試幾次就對了

我的客戶E小姐已經完成了判斷衣服心動度的作業，在教完基本折疊法之後，就要進入實際折疊的階段。基本上，我會請客戶自己折完所有的衣服，假如衣服數量太多，我也會幫忙。於是，我們兩個就在被垃圾袋與留下來的衣服擠得水洩不通的房間一角，默默地折起衣服來。在剛開始的十分鐘之內，我折了連帽外套、胸口有大型蝴蝶結裝飾的折邊T恤、袖口有荷葉邊設計的交叉領上衣、飛鼠袖針織衫，以及下襬為三角形的變形開襟外套……

「咦？」

就在此時，我發現了一件事：E小姐有許多款式十分特別的衣服。

在折衣服的過程中，我偷偷瞄了一眼E小姐。原以為她只是剛好拿到正常款式的

T恤及四方形罩衫，結果我發現，她將一看就知道不好折的無鈕釦左右不對稱針織短外套丟到我這邊的衣服山來！

「這樣不行啦……E小姐！」

沒錯，所有外形獨特的設計款衣服全部是我折的！

「對不起，我忍不住就……可是我根本不會折這種設計款的衣服！」

話說回來，最近許多女裝品牌都推出這類下襬與袖口設計得相當複雜的衣服。面對衣身較寬鬆的設計款開襟外套，就算有心想折，也不知從何著手。一看到這種像裙帶菜一樣的鬆垮衣襬，就會讓人想逃避。

其實，在折這類外形獨特的設計款衣服時，只有一個祕訣，那就是不要氣餒，多試幾次就對了！

衣服原本就是由四方形的布料做成的，無論什麼款式的衣服，絕對都能折得四四方方。

遇到外形獨特的設計款衣服時，請先深呼吸，冷靜下來，然後將衣服攤開在床上或地上。

這樣做可以讓你看清楚這件衣服的結構，例如它是由什麼形狀的布料做成的，為了穿出設計感，哪個部位的布料用得比較多等。最後你會發現，這些衣服一點也不特別。

了解衣服結構之後，接下來只要按照基本步驟，將兩邊的袖子往內（衣身）折，做出一個縱向較長的長方形即可。如果是寬衣襬設計的衣服，只要將多出來的部分往內多折幾次，就能折出長方形。

做出以衣身為中心的長方形之後，接下來就是先對折，再往下折成二分之一或三分之一，就大功告成了。

折衣服的訣竅跟折紙一樣，只要確實做好每個步驟，就能折得很漂亮。換句話說，每折一次，就用手掌輕壓折邊，固定之後再繼續折下去。雖然不必像折紙那樣以指甲用力壓出折痕，但一定要確實做好每一個折疊的步驟，這樣在直立收納時才不會立刻倒下去。

用這種方式折衣服看似要花許多時間，感覺不太容易持續下去……如果你也有這樣的顧慮，請放心。整理的重點在於，只要將所有衣服好好折過一遍，並以正確的折法折疊收納即可。

以正確方法折過的衣服會記住最完美的形狀，下一次折衣服時，就能讓你事半功

倍。

養成折衣服的習慣一個月之後，你再也不需要將衣服放在地上，而是直接在膝蓋上或拿在空中就能折。

折衣服的關鍵在手掌。如果你一直都是用手指快速地折衣服，不妨現在就試試看用手掌折衣服的感覺。**人類的掌心會散發溫暖的力量**，當雙手的熱度觸碰到衣服時，衣服的纖維會蓬鬆地立起來，使布料變得硬挺，就像紙一樣，讓你每次折衣服時都有折紙的感覺。

仔細想想，折紙也是日本的傳統文化之一。我曾經聽說歐美國家的朋友看到「紙鶴」往往大為驚歎，可是對日本人而言，「紙鶴」是每個人都會的折紙作品。

折紙時需要用到手掌，將這個技巧運用在折衣服上，把衣服折得比想像中還要小，就能自行站立、不會倒塌，自然就能完成直立收納。

我很喜歡折東西，只要是拿在手上的東西我都會折，例如因為天氣熱而脫下來的開襟外套，我一定會折成四方形；一看到超市或超商的塑膠袋，我也會下意識地把它折成四方形。

順帶一提，在折小孩子的衣服時，如果採用與成人衣服相同的折法，折出來的形狀會太小，反而容易散開。因此，請隨興地折成四折，減少折疊次數，做出最適當的四方形。

圖解「怦然心動折疊法」

只要能折出「以衣身爲中心的長方形」，就算學會折衣方法的九成了。無論遇到什麼款式的衣服，折疊時都要以此爲目標。

每次折衣服時，我都會想到雕刻佛像的師傅。雕刻師傅總是會先靜靜觀察木頭，在腦中想像佛像雕刻好的模樣，再一步一步完成雕刻。雖說折衣服與雕刻佛像是完全不同的領域，但感覺是一樣的。折衣服的時候要先觀察攤開在地上的衣服，想像以衣身爲中心的長方形，接著只要將旁邊多出來的部分往內折就行了。

◆基本折法

①將衣身兩邊往內折，折出縱向較長的長方形。

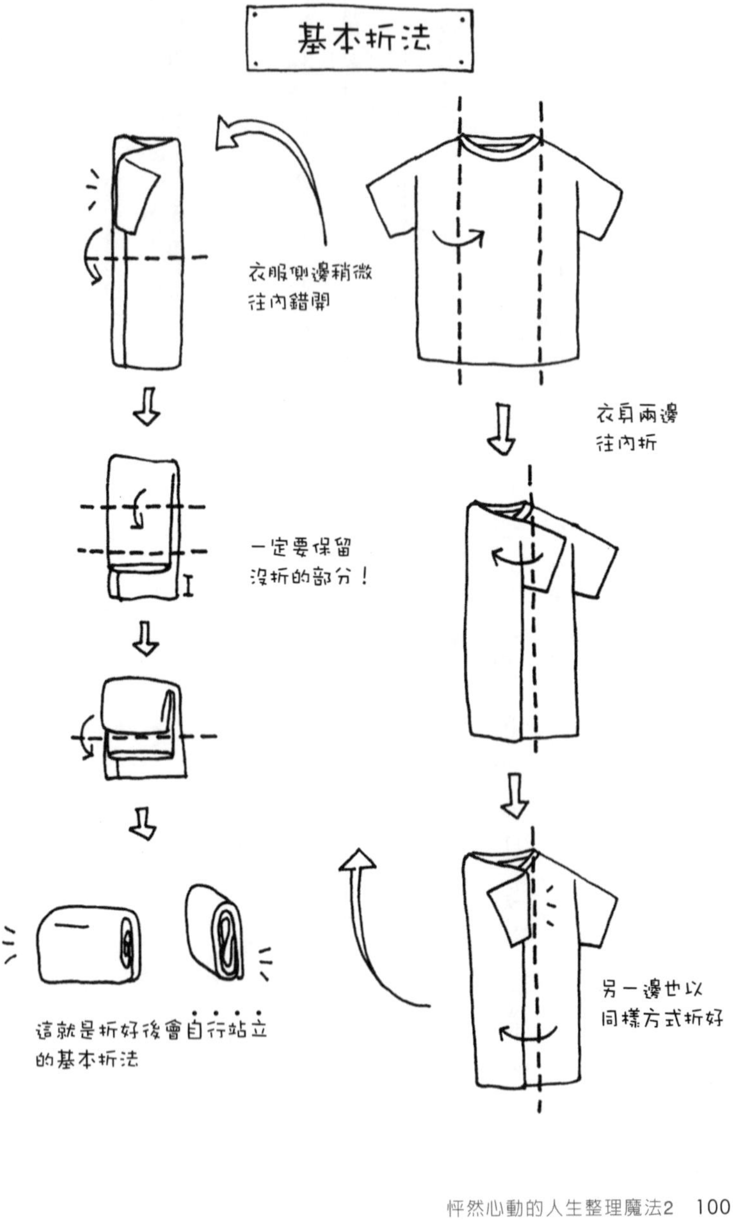
基本折法
衣身兩邊
往內折
另一邊也以
同樣方式折好
衣服側邊稍微
往內錯開
一定要保留
沒折的部分！
這就是折好後會自行站立
的基本折法

②對折。

③再往下折成二分之一或三分之一。

細長的長方形不容易直立，因此一定要對折。雙手抓住較輕薄或柔軟的部位，以上衣來說就是領口處，褲子的話就是褲管。往內折的時候，衣服側邊不要對齊，要稍微錯開一些。

只要做好這幾點，就能折出完美的形狀，因此手拿的位置與側邊錯開的程度要視情況調整。最後只要調整高度即可，基本上以衣長的二分之一到三分之一爲宜，長度較長的衣服可以折四到五次。

折衣服的方法還有許多細節，不過重點只有一個，那就是「折好時必須變成一個光滑簡單的長方形」。

收納的時候只要直立擺放即可，因此，我建議要「確認衣服的挺立程度」。方法很簡單：用手夾住折好的衣服，然後垂直放在地上。假如手放開之後衣服沒有倒塌，可以自行站立，就算過關。在這種情況下將衣服收在抽屜裡，事後拿取時就不必擔心收好的衣物會變亂。

衣服折好後如果很鬆垮，軟趴趴地站不住，此時就要調整衣服的折法。請確認長方形的寬度是否太寬，步驟②和③的高度是否太高，或者太低而導致厚度太厚等等。有些衣服可以省略步驟②，或者直接在步驟②折成三分之一。只要多試幾次，絕對可以找出最適合該衣服的折法（也就是找到那件衣服的「黃金點」）。

以上就是基本折法的說明。不過，有些衣服也可以採用其他折法，例如在步驟①縱向對折。

話說回來，為什麼我會堅持要折出以衣身為中心的長方形？原因很簡單，因為這樣做可以避免衣身正中間出現折痕。一旦衣身正中間出現折痕，「皺褶感」就會變得相當明顯。

反過來說，如果是衣身正中間出現折痕也沒關係的衣服，只要直接縱向對折即可，例如以羅紋材質製成的衣服、施以皺紋加工的衣服（會讓皺褶變得不明顯），或是開襟外套這類衣身原本就分成兩半的衣服等。此外，衣身上有皺褶也無須在意的運動服，亦可採用縱向對折的折法。

值得注意的是，有時即使折法正確，衣服還是無法自行站立，例如布料太輕薄的衣服（聚酯纖維製品等），或是布料太蓬鬆厚實的衣服（羊毛材質或粗針編織的針織衫等），這類衣服原本就不容易挺立，此時不要太鑽牛角尖，平放收納即可。

◆長袖上衣的折法

視情形決定衣服折好時的寬度，接著再依照基本折法將袖子往內折，做出一個以衣身爲中心的長方形。

祕訣就是，袖子一定要對齊另一邊的側邊，而且一定要朝下（沿著衣身往下垂）。這樣做可以避免袖子的部分太厚重，導致折好後的形狀過厚。

順帶一提，我在上一本書中提過「袖子的折法可隨意折」，其實上課時我也是這麼教的。再加上長期以來，我一直認爲大家都是這麼折袖子的，因此沒有特別指導袖子的折法。

後來有一次，我在雜誌採訪時展示了袖子的折法，編輯說我的方法很特別，那時我才發現，原來大家都是橫向擺放袖子，並往內折兩、三次，根本不是我想的那樣。

雖然這兩種方法只有些微差異，但折好後請用雙手夾著拿看看，你一定會發現，利用我在本書中教導的方法所折出來的衣服，摸起來完全不厚重，也能維持折好的形狀。請務必嘗試看看。

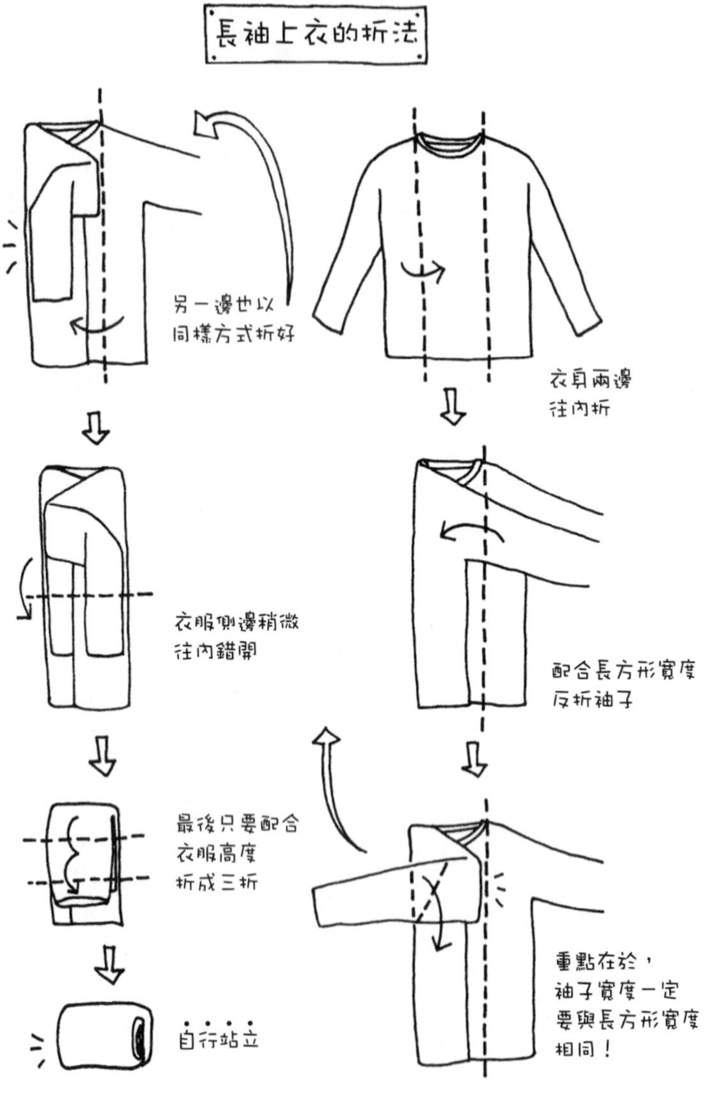
長袖上衣的折法
衣身兩邊
往內折
配合長方形寬度
反折袖子
重點在於，
袖子寬度一定
要與長方形寬度
相同！
另一邊也以
同樣方式折好
衣服側邊稍微
往內錯開
最後只要配合
衣服高度
折成三折
自行站立

◆褲子的折法

縱向對折，做出一條褲管的寬度。

接著對折成二分之一（內側要稍微錯開，折起來才會好看），再折成三分之一。

這是褲子的基本折法，請依褲長調整折疊次數。短褲只要縱向對折，再將褲管往上對折即可。

碰到褲裙款式的短褲或材質較厚的羊毛短褲，必須改變折法。一開始要先縱向折至三分之一處，接著再往下對折。

褲子可以吊掛，也可以折疊收納，依個人喜好選擇即可。如果是西裝褲，或是褲管中央有折線、材質較硬挺的長褲，硬是折它，可能會破壞褲管的折線，基本上應該採取吊掛收納。

順帶一提，一開始縱向對折時，臀部處如果往外凸，請務必將往外凸出的三角部分往內折，做出完整的長方形。這是從事衣服銷售工作的客戶教我的小祕訣，讓沒有長褲的我大開眼界。

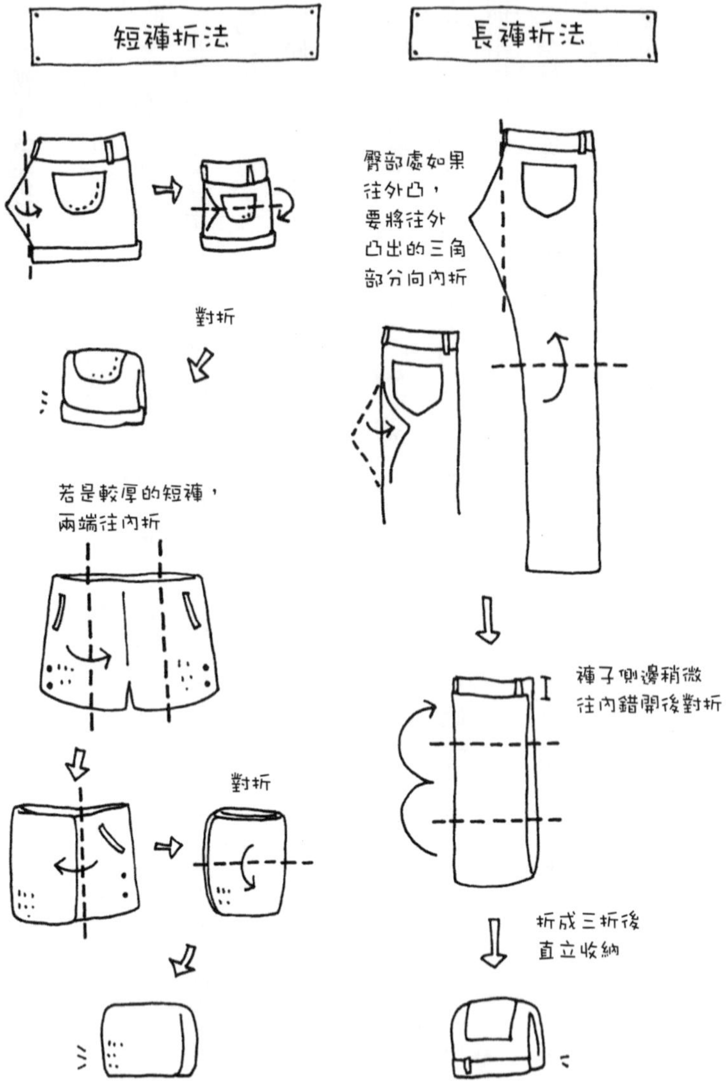
短褲折法
對折
若是較厚的短褲，
兩端往內折
對折
長褲折法
臀部處如果
往外凸，
要將往外
凸出的三角
部分向內折
褲子側邊稍微
往內錯開後對折
折成三折後
直立收納

◆裙子與洋裝等寬襬衣服的折法

一看到裙襬像富士山一樣往外擴的裙子或洋裝，很多人就不敢嘗試去折，我可以理解她們的心情。

我想告訴各位女性讀者，無論裙襬有多寬都不必害怕。先冷靜下來，將裙子攤開，你就會發現每一件都是由三角形、四方形與三角形組合而成。換句話說，只要將兩邊的三角形往內折，做出一個四方形即可。

裙襬寬度過寬時，只要多折幾次就行了。如果布料太薄不好折，可先縱向對折，再將裙襬往內折。

先折成長方形，接下來只要依照基本折法對折，再利用折疊或捲起來的方式調整高度就可以了。

不知該吊掛收納或直立收納時，就把「吊掛時會感到開心的衣服」掛起來。從這一點來看，裙子和洋裝這類飄逸的衣服基本上以吊掛收納爲宜，不過還是要學會正確的折法，遇到吊桿空間不夠或外出旅行時，就能派上用場。

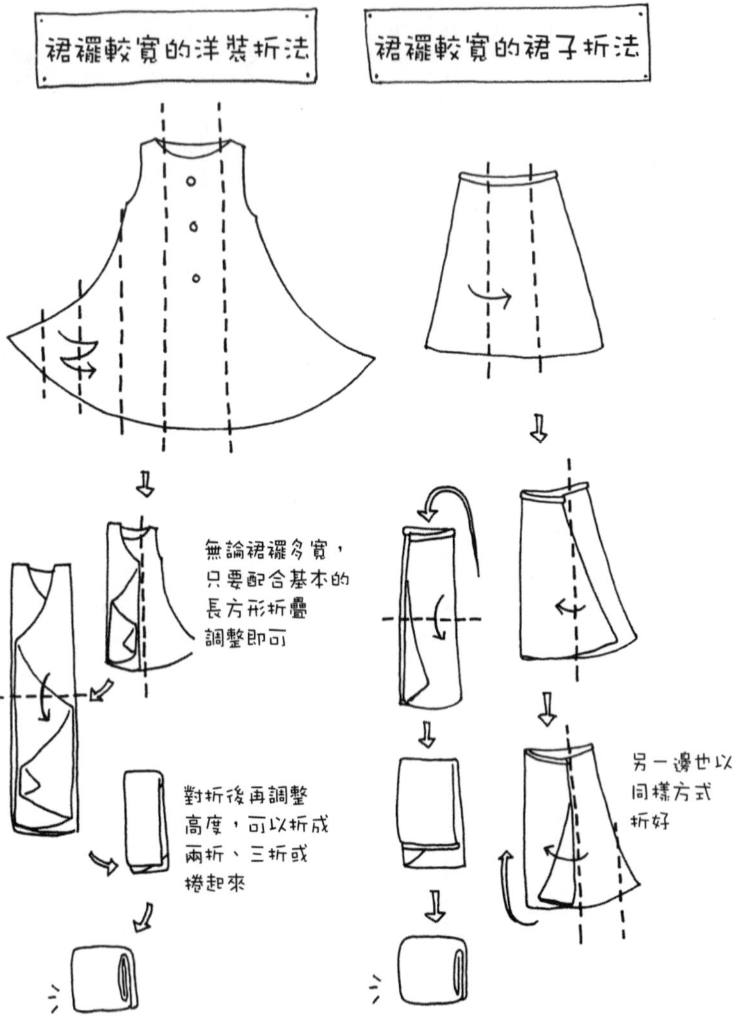
裙襬較寬的洋裝折法
無論裙襬多寬，
只要配合基本的
長方形折疊
調整即可
對折後再調整
高度，可以折成
兩折、三折或
捲起來
裙襬較寬的裙子折法
另一邊也以
同樣方式
折好

◆絲襪的折法

先縱向對折，再從腳尖處往上折成三分之一，最後由下往上捲成海苔捲的模樣就行了。放入抽屜時要直立收納，不過捲好的絲襪很容易散開，不妨先放進當成隔板的紙盒中，就會很美觀。

◆襪子的折法

將左右腳的襪子疊在一起，再配合長度折疊即可。襪子的折法比其他衣物簡單許多，在教小孩折衣服時，不妨先從折襪子開始。

◆厚褲襪的折法

雖然褲襪的外形與絲襪差不多，但厚度在六十丹尼以上的厚褲襪不要捲起來，最好採用與長褲相同的折法。絲襪是因爲太薄、不容易折疊，才用捲的方式收納，厚褲襪就完全沒有捲的必要。假如捲起來的時候覺得「太粗」或「捲不太起來」，就是褲襪在跟你說「我希望折疊收納」啦。

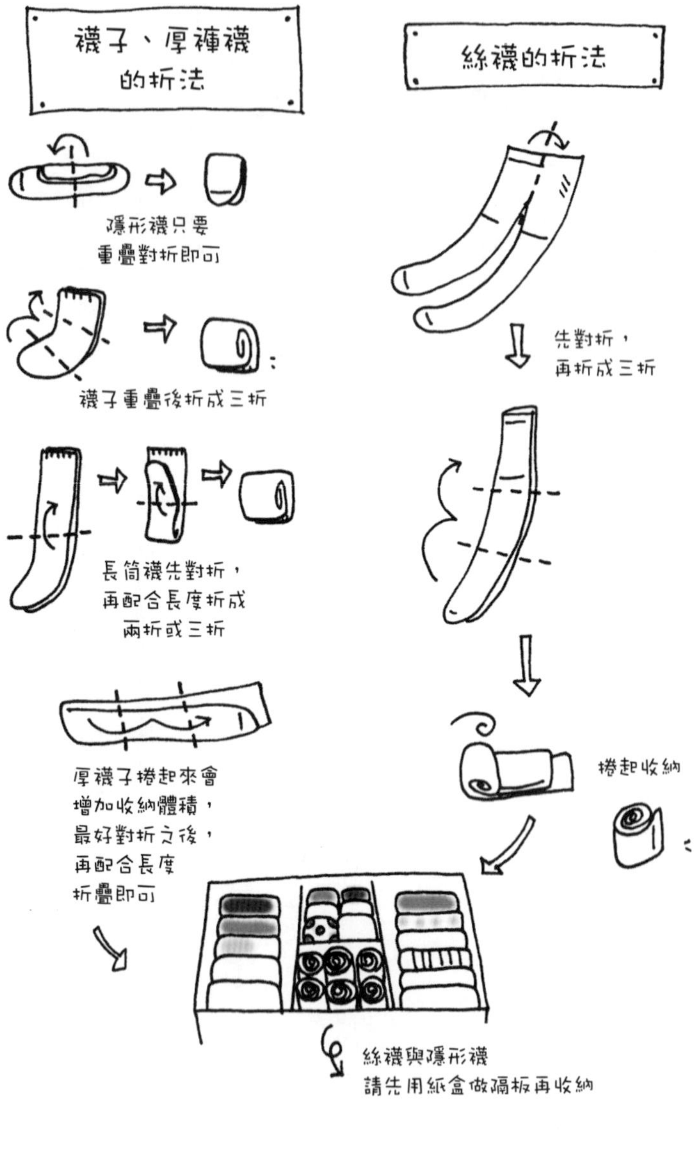
襪子、厚褲襪
的折法
隱形襪只要
重疊對折即可
襪子重疊後折成三折
長筒襪先對折，
再配合長度折成
兩折或三折
厚襪子捲起來會
增加收納體積，
最好對折之後，
再配合長度
折疊即可
絲襪的折法
先對折，
再折成三折
捲起收納
絲襪與隱形襪
請先用紙盒做隔板再收納

圖解「特殊衣物折疊法」

學會基本折法之後，接下來就要加以變化運用。

說穿了，任何特殊設計的衣服都只是基本造型加上「額外配件」，亦即「突出部分」和「裝飾部分」。

「突出部分」就是連帽外套的兜帽或高領上衣的領子，這類從衣服延伸出來往外凸的額外配件，通常與衣服是相同材質。

「裝飾部分」則是指領子處的亮片、蝴蝶結，以及衣身處的皺褶或鈕釦等以裝飾爲目的的額外配件。它們的材質通常與衣身不同，也多是立體的，收取衣服時，其他衣物很容易因爲磨擦到這些部分而起毛球，要特別小心。

無論衣服爲哪一種款式，容我再次強調，只要折出「光滑簡單的長方形」即可。

◆連帽外套與高領上衣的折法

按照基本折法，將衣身兩邊的袖子往內折，接著再把兜帽與高領等「沒有也無損衣服功能」的凸出部分往衣身的方向折。如此一來，就能折成最基本的衣服形狀，接著再按照基本折法調整高度即可。

如果是小高領設計，往內折反而會增加厚度，因此請跳過往內折的步驟，直接按照基本折法去折就可以了。

◆有裝飾設計的衣服折法

衣服上的裝飾部分很脆弱，不只容易脫落，也會勾到其他衣物。若是暴露在外，收取時很容易受損，因此一定要好好保護。遇到表面有許多裝飾的衣服時，不妨先思考：「這件衣服一定要保護的是哪個部分？」然後在折疊時，先將這個部分折入內側。

若是衣身處有裝飾設計，就要將沒有裝飾的衣身露在外面。

碰到有皺褶或蕾絲裝飾的衣服，就將袖子往內折，然後再從下襬處往上對折（一般都是從領口往下折），這一點相當重要。折好時，裝飾部分絕對不能露在外面。

順帶一提，開襟外套的鈕釦與polo衫的前襟是整件衣服中「最應該保護的部分」，因此折疊時，一定要將這些部分折在內側。

◆細肩帶背心的折法

細肩帶背心的肩帶既不是「突出部分」，也不是「裝飾部分」，如果沒有這兩條帶子，背心就不能穿了，因此要將肩帶當成衣服的一部分看待。

折法相當簡單。折好衣身兩端後（基本上，寬度以三分之一為宜），將「連同肩帶在內的衣身對折」，接著再依照基本折法調整高度。

以羅紋材質製成的細肩帶背心相當細長，衣身寬度無法折成三分之一，因此只要縱向對折即可。

◆質地柔軟的衣服折法

雪紡襯衫、聚酯纖維細肩帶背心等材質極薄的衣服，折疊過後還是會很鬆垮，無法確實自行站立，最好先按照基本折法將衣身兩邊往內折，接著再對折，並從對折處

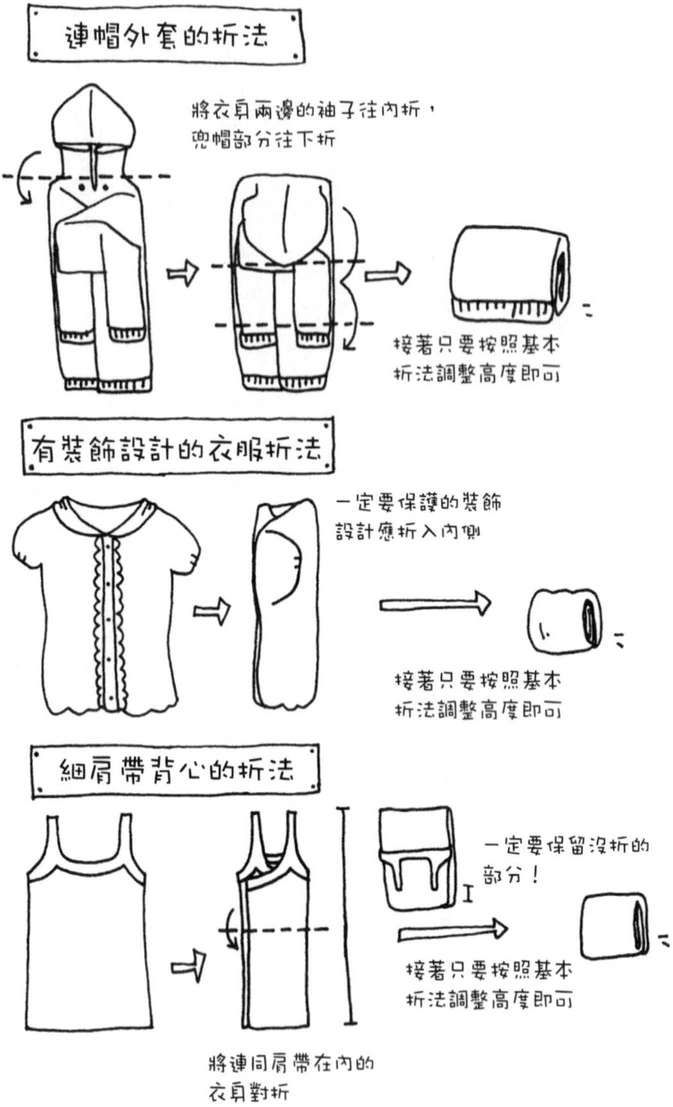
連帽外套的折法
將衣身兩邊的袖子往內折，
兜帽部分往下折
接著只要按照基本
折法調整高度即可
有裝飾設計的衣服折法
一定要保護的裝飾
設計應折入內側
接著只要按照基本
折法調整高度即可
細肩帶背心的折法
一定要保留沒折的
部分！
接著只要按照基本
折法調整高度即可
將連同肩帶在內的
衣身對折

往下捲。

捲好之後，衣服通常還是無法自行站立，此時如果罵它「爲什麼你都站不起來」，那就錯怪它了。由於這類衣服的體積都很小，因此只要小小的縫隙就能確實收納，這就是它的魅力所在。建議將這類輕柔的衣服夾在其他可以自行站立的衣服之間，利用其他衣服的力量支撐。

◆粗針編織毛衣與羊毛材質等厚重衣服的折法

硬是要讓這些衣服直立收納而折得超小，只會讓衣服充滿空氣，體積變得很大，因此只要輕鬆折疊即可。如果無法在抽屜裡直立收納，亦可平放收納。

話雖如此，材質較厚的衣服即使採用正確折法，折好之後還是很占空間。當季的衣服還好處理，如果是換季收納，就會徒增困擾。

由於這類衣服的體積有一半來自空氣，因此收納時一定要先徹底擠出空氣。建議可以一邊擠出空氣，一邊將衣服塞入束口袋或環保袋裡。如果沒有不織布製成的袋子，也可以使用包袱巾或任何可以用的袋子。重點在於袋子本身一定要比衣服小兩號，如此一來，無須使用眞空壓縮袋之類的產品，也能節省收納空間。

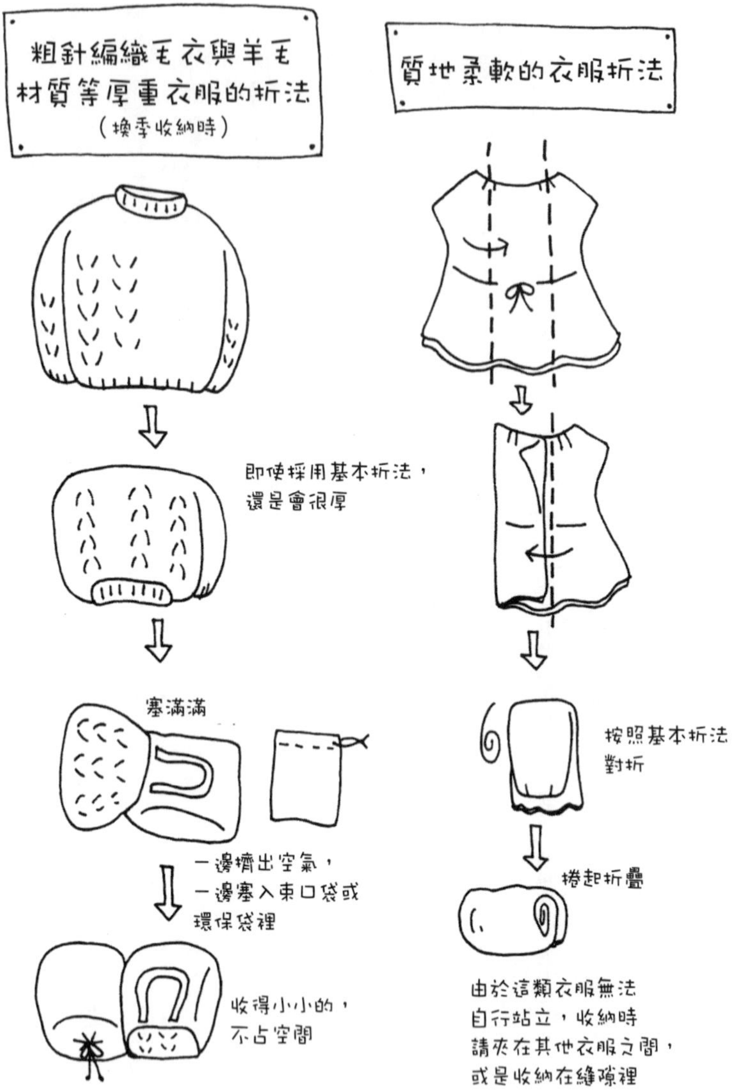
粗針編織毛衣與羊毛
材質等厚重衣服的折法
（換季收納時）
即使採用基本折法，
還是會很厚
塞滿滿
一邊擠出空氣，
一邊塞入束口袋或
環保袋裡
收得小小的，
不占空間
質地柔軟的衣服折法
按照基本折法
對折
捲起折疊
由於這類衣服無法
自行站立，收納時
請夾在其他衣服之間，
或是收納在縫隙裡

◆特殊造型衣服的折法

造型獨特的衣服彷彿在向主人挑釁：「有辦法你就折折看吧！」別怕，只要不氣餒，多試幾次一定能成功！

飛鼠袖上衣只要採用一般衣服的折法，將兩條袖子往內折，就能完成基本的長方形。下襬飄逸修長的上衣，只要按照基本折法將兩條袖子往內折，再將下襬往衣身收，然後對折即可。如果是開襟外套，直接縱向對折就行了。

即使看起來豪放不羈的衣服，折疊後都會成為規規矩矩的四方形。將這些衣服收在抽屜裡，看著它們整齊排列的模樣，眞的會讓人莞爾一笑。

尊稱胸罩爲「Bra女王」，提供VIP待遇

「鬆垮的胸罩離家出走了。」
「賞味期限到期的胸罩外出旅行了。」

特殊造型衣服的折法

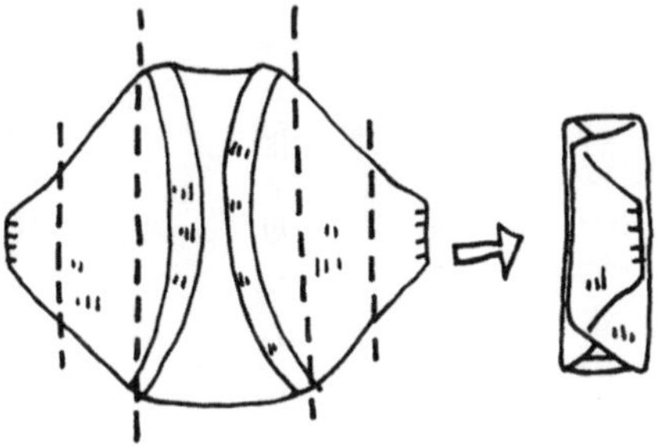

將飛鼠袖往內折，
做出長方形，
即可折疊收納

亦可如圖示縱向對折，
再折成長方形

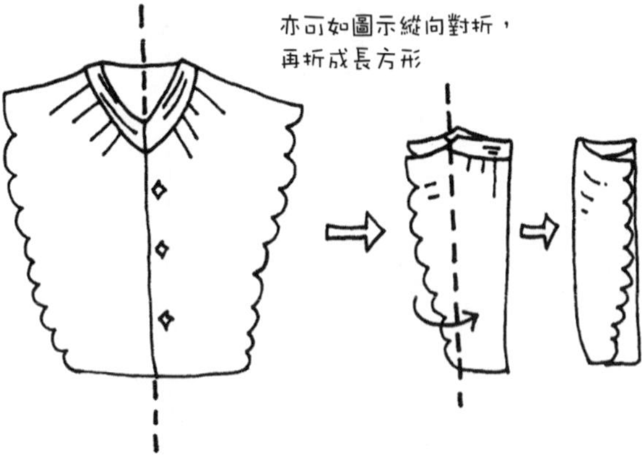

只要能折出長方形，
接著再按照基本折法對折、調整高度即可

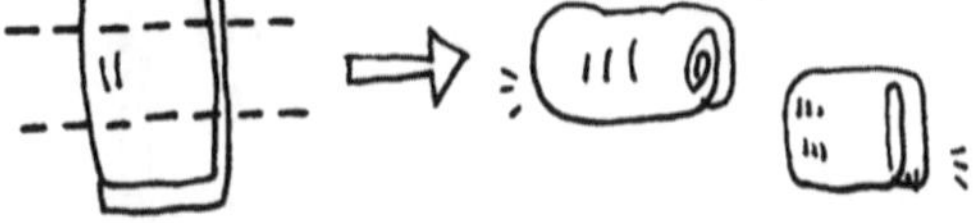

「長老級胸罩退位了。」

上完整理收納課之後，許多客戶會寄電子郵件給我，其中不乏這些閃耀著光芒的「更新胸罩宣言」。坦白說，整理完畢後客戶會立刻添購的衣物，第一名就是內衣。

全天下或許沒有任何一份工作會像我所做的一樣，如此深入研究別人的內衣褲。但我認為，**一個人如何對待內衣，會表現在本人散發的氣質之中**。正確對待內衣的方式，遠比名片上的頭銜及外在造型的品味更能影響一個人。

正因如此，**收納內衣時最重要的一點，就是要給內衣VIP級的待遇**。

具體來說，第一步是先將內褲與胸罩分開收納。我偶爾會看到有些客戶將內褲收在罩杯裡，這樣做並非不好，但我還是建議以對待VIP的方式來對待胸罩。

比起其他衣物，胸罩散發出來的氛圍及與生俱來的尊貴品格更勝一籌。

請回想一下：胸罩與其他類別的衣服比較起來是不是不太一樣？胸罩擁有鋼圈營造出來的獨特外型，再加上蕾絲或荷葉邊等豐富的裝飾設計，儘管款式多變，卻是不外露的日常單品，真的很不可思議。與其說胸罩是衣服，將它形容成看不見的飾品會更貼切。因此，收納胸罩最正確的方式，就是維持它的形狀，注重美麗的外觀。

遺憾的是，我最常看見的胸罩收納法，就是將罩杯往內反折排列。這樣做會毀掉胸罩的功能性和美觀度。

收納胸罩時不可以擠壓罩杯，要仿效內衣店的展示方法，前後保持一點距離，重疊在一起，並將肩帶與背帶收在罩杯裡，這樣收取時就不會弄亂原本的收納狀態。此外，將胸罩像衣服一樣按顏色深淺排列，更能提升怦然心動的感覺。

整理內衣可以大幅提升自己的怦然心動感受度。許多客戶一整理完，就想要去買顏色鮮豔的胸罩，平均上完課一星期內會添購新內衣，還有不少客戶下課之後就送我出門，然後直奔百貨公司。有一次，客戶對我說：「我現在穿的內衣無法讓我心動！」說完就直接脫下身上的黑色素面胸罩，然後把它丟掉。雖然只發生過一次，但那次的經驗眞的讓我嚇一大跳。由此可見，胸罩蘊含的魔力的確令人無法抗拒。

結果下一次上課時，那位客戶興高采烈地讓我看她收納內衣的方法。只見色彩繽紛的胸罩華麗地排成一列，看起來就像在內衣店裡展示一樣，而且她還將原本用來收納毛巾的籐籃拿來放胸罩。

客戶滿臉笑容地對我說：**「還是高雅的收納方式最適合『Bra女王』了。」**在不知不覺間，她連對胸罩的稱謂都改了。

「沒想到只是改變稱謂，對待胸罩的方式就提升了好幾個等級。過去我都是將胸

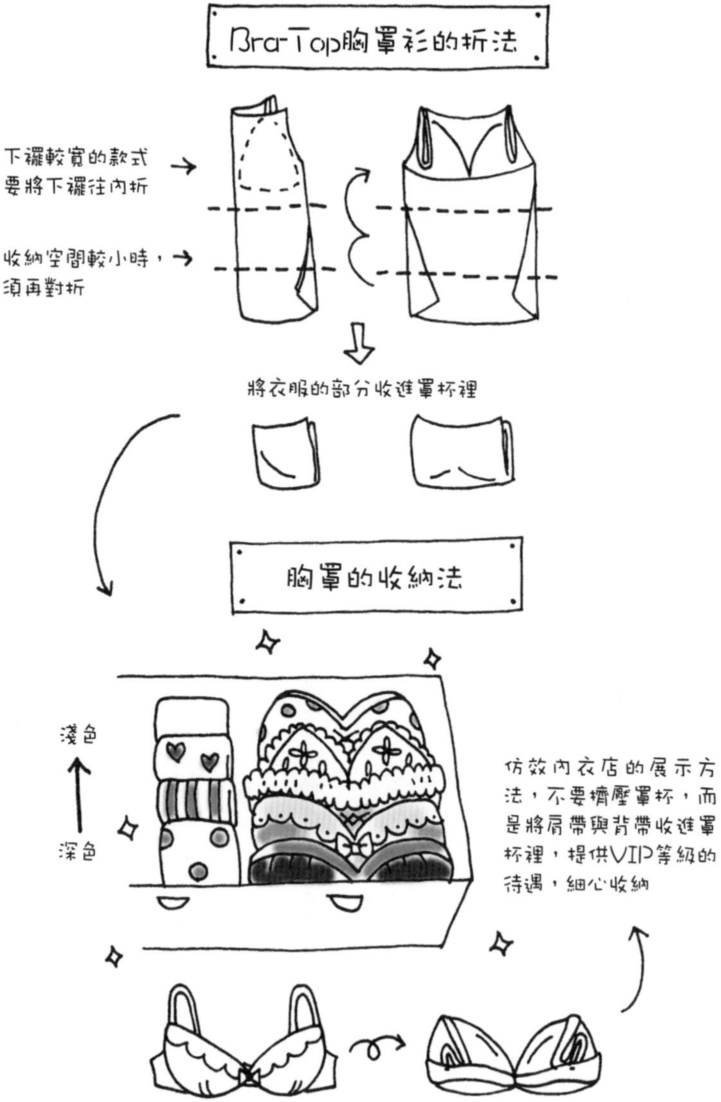
Bra-Top胸罩衫的折法
下襬較寬的款式
要將下襬往內折
收納空間較小時，
須再對折
將衣服的部分收進罩杯裡
胸罩的收納法
淺色
深色
仿效內衣店的展示方
法，不要擠壓罩杯，而
是將肩帶與背帶收進罩
杯裡，提供VIP等級的
待遇，細心收納

罩丟進洗衣機裡頭洗，現在我改用手洗了。」

從此之後，我也愛上了這個稱謂，再也不說胸罩，改稱「Bra女王」。

收納胸罩時，深色系在前，淺色系在後，好能量源源不絕

生活在收拾得十分整潔的房子裡，自然就能提升個人形象。而生活在心動空間裡的自己，絕對不能忍受穿著無法讓自己心動的內衣。

這就是「整理魔法」的奧妙之處！

我算是比較極端的例子。我個人認為，必須以極度尊崇的方式款待「Bra女王」。

順帶一提，「整理後立刻添購的衣物排行榜」第二名是睡衣，第三名則是家居服。外人看不見的衣服竟然位居前三名，這就表示在整理的過程中，每個人都會更加重視「居家時的自己」。

回到內衣的話題。**按照顏色深淺收納胸罩時，一定要將深色系排在前方，淺色系**

收在後面。雖然順序與衣服相反，不過這樣的收納方式可以讓胸罩自然而然地融入空間之中，各位不妨實際體驗看看。

其實我自己也一直覺得很奇怪，爲什麼只有胸罩是將深色系排在前面時，看起來最舒服？直到有一次，我看見李家幽竹小姐寫的《好運風水收納與整理術》這本風水書，才找到可以說服我的原因。

風水奠基於陰陽五行的觀念，所有事物各自擁有「木」「火」「土」「金」「水」的「氣」，因此必須配合各事物的氣，採取適宜的行動和對待方式。根據那本書的說法，**女性的衣服基本上屬「水」，唯有胸罩屬「金」**。此外書中也說，收納衣服時，淺色系應放在前方；收納胸罩時，前方則應該擺深色系。

接下來是我個人的假設，但我認爲應該可以如此解釋：

「水」的特性就是質地愈純淨，亦即愈輕盈透明愈好；相反的，「金」的特性則是質地愈扎實堅固，亦即愈濃郁深厚愈好。

總而言之，收納在抽屜裡的物品，必須由內往外質地愈來愈好。如此一來，當主人打開抽屜時，就會有「好能量湧向自己」的感覺。

當我改用這個收納法之後，客戶無不驚喜地說道：「感覺好像在內衣店喔！」像這樣收納胸罩，不只一路陪伴自己的現有胸罩充滿了生命力，今後購買時，也讓人想要挑選色彩繽紛、可愛活潑的款式。

我的客戶異口同聲地對我說：「自從改變對待胸罩的方式之後，我在使用其他物品時都更加珍惜，眞是太神奇了！」想要盡早感受到收納效果，我建議各位一定要從改變胸罩的收納方式做起，以對待ＶＩＰ的態度好好呵護妳的胸罩。

話說回來，我們該如何打造「Bra女王的家」呢？

我個人認爲，理想胸罩收納法排行榜的第一名，就是將一整層木製或籐製抽屜當成胸罩專用的收納空間；第二名是與其他內衣一起放在木製或籐製抽屜裡，並用隔板劃分出各自的區塊；第三名是買一個新的籐籃，專門收納胸罩；第四名則是與其他內衣一起收在塑膠抽屜裡，並利用隔板隔開；最糟糕的收納法就是與其他雜物一起放在塑膠抽屜裡。

添購新木櫃或籐櫃的工程相當浩大，不過如果只是買個籐籃，現在就能做到。

請務必爲妳的「Bra女王」打造一個專屬的家。

一個簡單的動作，就能讓妳天天怦然心動，過著幸福愉快的生活。

利用面紙盒完美收納內褲

以ＶＩＰ級的待遇收納好胸罩之後，接著就要改變內褲的收納方法。收納內褲時，也要參考內衣店的展示方法，注重視覺上的心動感。**由於女性內褲的材質都很輕薄，觸感也很柔軟，折疊時一定要「折小一點」**。

折內褲時，要將最敏感、最重要的底部折在最裡面，有緞帶等裝飾設計的肚臍處（正面中間）則要折在最外面。

內褲的基本折法如下：

首先將後方的臀部處朝上，鋪平攤開，然後將底部由下往上折，再把左右兩邊往內折，包覆底部。接著向上捲起、翻回正面，**做出如春捲般只露出肚臍前方部位的橫長形圓筒狀即可**。

話說回來，以柔軟材質製成的內褲，就算折好了，還是很容易從旁邊鬆開。爲了解決這個困擾，折好的內褲最好個別收在小盒子裡。

這個時候，最能派上用場的就是用完的面紙盒，面紙盒的寬度最適合拿來收納折好的內褲。若是家裡沒有面紙盒，只要有大小適中且令妳心動的盒子，就可以用來收納內褲。一般面紙盒可以擺七件內褲。

以厚棉材質製成的內褲，捲起來之後體積會變大，很占空間。因此，請跳過最後捲起來的步驟，折好後直立收納即可。

內褲的排列方式與一般衣服相同，前方爲淺色系，愈往內顏色愈深。請注意，所有衣物當中，只有胸罩是由深至淺往內排列。

在盒子裡排列得井然有序的內褲，看起來就像西式甜點拼盤一樣，將其放在按前面介紹的方法排列的胸罩旁，就能瞬間提升抽屜的心動度。許多客戶都對我說：「這個收納方式眞的太美了，每次開關抽屜時，望著裡面的內褲，總是讓我看到入迷。」

順帶一提，男性衣物的收納方法也一樣。我偶爾會幫客戶一起收納另一半的衣物，衣服與內褲皆由淺至深往內排列即可。

此外，大家都會問：「如果一排放不下，要如何排成兩排？」「若收納場所的寬度不夠排兩排，旁邊的縱長形空隙可以收納衣服嗎？」其實，只要打開抽屜時整體的顏色是由淺至深往內排列，掌握這個原則就可以了。

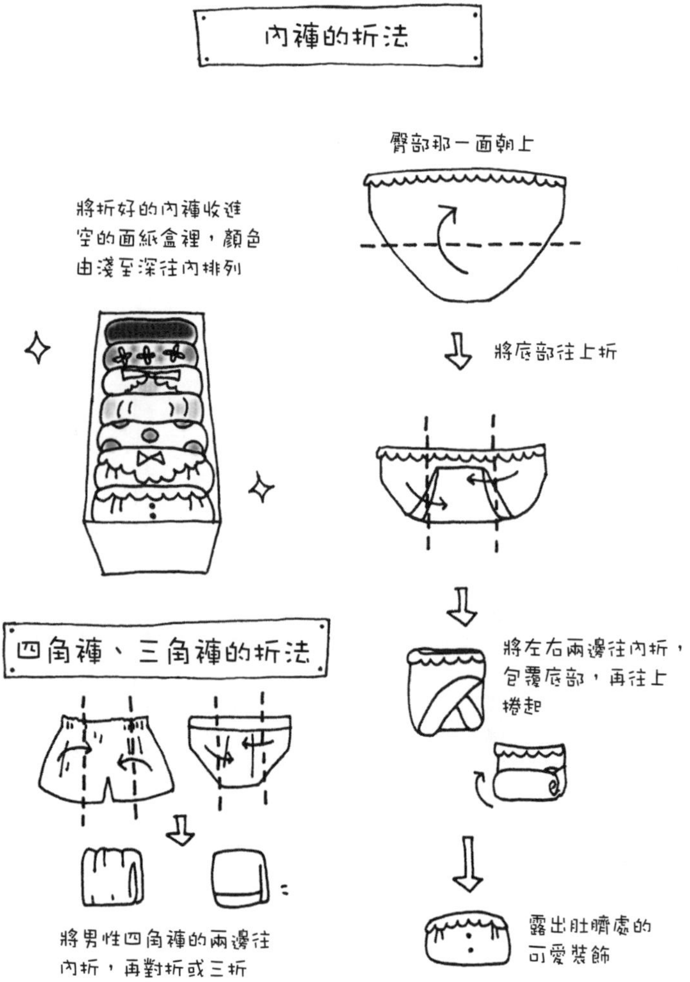
內褲的折法
臀部那一面朝上
將底部往上折
將左右兩邊往內折，包覆底部，再往上捲起
露出肚臍處的可愛裝飾
將折好的內褲收進空的面紙盒裡，顏色由淺至深往內排列
四角褲、三角褲的折法
將男性四角褲的兩邊往內折，再對折或三折

收納的時候，與其堅守嚴格的原則，最好還是以找出讓自己心動的收納法爲目標，嘗試各種做法。

整理最重要的關鍵，在於「自己是否心動」。我希望各位都能多方嘗試，找出得以與自己擁有的物品和居家環境對話的方式。當你覺得自己做到這一點時，就代表你找到了最佳方法。

學會如何選擇心動物品之後，請相信「這個東西讓我心動」的感覺。

整理完畢後，周遭全是讓自己心動的物品，這樣的生活可以讓你更敏銳地去感受每一樣東西。

你會漸漸察覺到自己所擁有的物品具有哪些特質，它們是在什麼樣的狀態下被收納。

以自己的感覺打造收納空間，覺得不對勁就修正，感覺對了就保留，在不知不覺間營造出最舒適的居家環境，這樣的改變眞的很不可思議。

怦然心動的感覺不會說謊，相信它就對了！

日本的棉被壁櫥是收納天才

在思考衣服該如何收納時，你認爲最應該檢視的重點是什麼？答案是：**「家裡的木作收納空間是棉被壁櫥，還是衣櫥？」**

誠如各位所知，棉被壁櫥是日本特有的收納空間。由於是以收納棉被爲前提而建造的，因此做得相當深，並利用隔板將整個空間隔成上下兩層。

顧名思義，closet（衣櫥）是從國外引進的收納空間，主要是以收納clothes（衣服）爲目的。它的深度不如棉被壁櫥，有著可以掛衣服的吊桿。

利用衣櫥收納的方法很簡單。將衣服掛在吊衣桿上，底下再放置抽屜式收納箱即可。抽屜裡收納折好的衣服、布製配件，也可以擺放文具與化妝品等小東西。將一人份的物品全部收在衣櫥裡，是最輕鬆、也最淺顯易懂的例子。如果書籍和文件的數量不多，也可以收在組合櫃裡，再整個放入衣櫥。各位不妨嘗試看看。

如果家裡有衣櫥，也有棉被壁櫥，就先將衣服收在衣櫥裡。**如果是全家人共用一**

個衣櫥，就要明確劃分出每個人的專用區域。

如果家裡沒有衣櫥，只有棉被壁櫥，又該如何收納呢？棉被壁櫥最大的魅力，就是擁有將近一公尺的深度，只要使用符合這個深度的抽屜式收納箱，就能充分收納折好的衣服。話雖如此，實際上很難將所有的衣服全部折疊收納，此時一定要添購吊桿式掛衣架。

最理想的狀況，是將吊桿式掛衣架放在上層，打造出衣櫥般的空間，然後將抽屜式收納箱放在掛衣架的旁邊或下層。如果放了吊桿式掛衣架與抽屜式收納箱之後，就沒有地方收納棉被，此時只好將掛衣架拿出來放在外面。

如果家裡沒有吊桿式掛衣架，必須另外添購，那麼選擇獨立式掛衣架會比伸縮桿實用，如此一來，即可避免因爲衣服太重導致吊桿掉落。假如家裡已經有伸縮桿，不妨在桿子兩端放上物品支撐，這樣伸縮桿就不會掉下來。請先找一下家裡是否有不鏽鋼層架、組合櫃或透明收納箱等高度適中的物品，可以用來支撐伸縮桿兩端。

重點在於，這樣東西一定要能固定吊桿，避免衣服掛太多導致桿子脫落。

由於棉被壁櫥的深度很深，內側的牆壁會比衣櫥明顯。通常壁櫥內側都是以淺米色的木板製成，看起來很單調，此時正是添加心動元素的好機會。

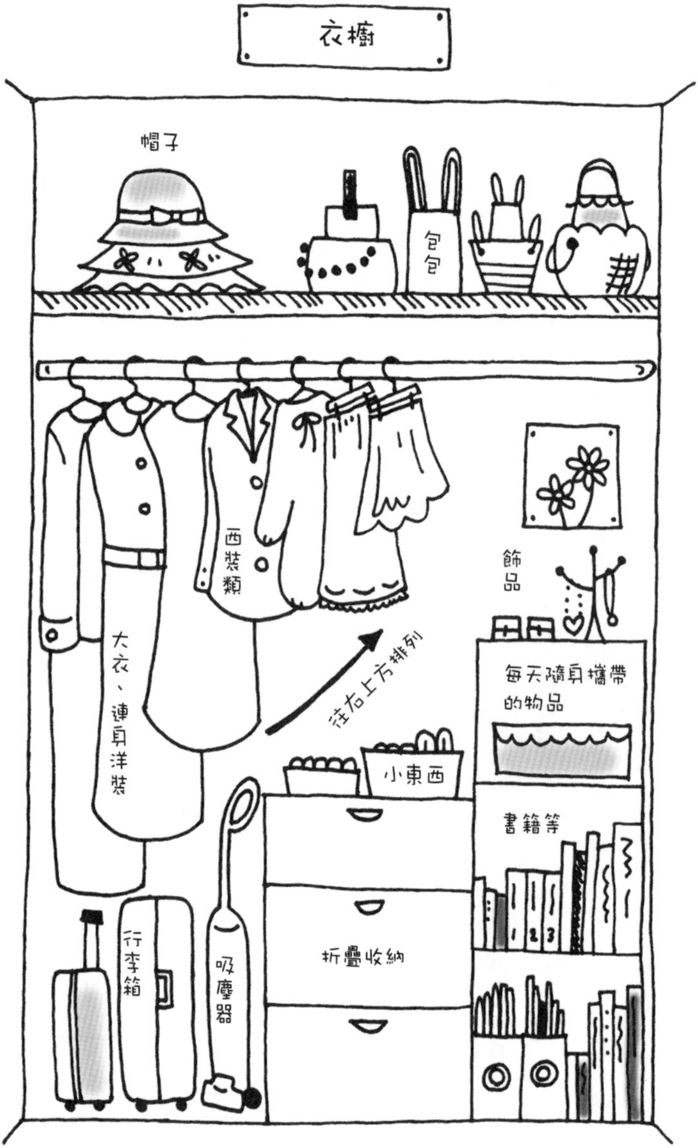
衣櫥
帽子
包包
西裝類
飾品
大衣、連身洋裝
往右上方排列
每天隨身攜帶的物品
小東西
書籍等
行李箱
吸塵器
折疊收納

不妨在這裡貼上自己喜歡的布料，取代壁紙，也可以用小型畫作或小東西來裝飾，讓棉被壁櫥的牆面變身爲「心動空間」。

我有個客戶就在壁櫥一角貼滿自己最喜歡的偶像團體的海報和卡片，再將所蒐集的CD和寫眞集等周邊商品擺在這裡，打造一個自己專屬的心動殿堂，看起來相當幸福。還有另一位客戶是在壁櫥一角貼滿自己婚禮的照片，並將迎賓立牌、戒指盒、戒枕等婚禮上使用的物品全部擺放在這個角落。

「公開展示太難爲情了，但每次只要一拉開壁櫥的拉門，我就能回想起結婚時的悸動，這種感覺眞好。」看著平時大剌剌的客戶露出害羞的表情，連我都感受到了酸酸甜甜的心情……

總而言之，棉被壁櫥是一個可以讓人自由發揮的空間，我就有客戶在上層放電視，下層設計成給孩子停玩具車的停車場（玩停車遊戲時，可以一邊玩一邊整理玩具，頗受父母喜愛）。像這樣，每個人都能隨心所欲地營造出自己想要的環境。

若說「棉被壁櫥是收納天才」，一點也不爲過。我認爲日本人與生俱來的收納才華，完全表現在棉被壁櫥的運用上，不曉得各位讀者是否也跟我有同樣的想法？**將棉被壁櫥想成以拉門隔開的小房間，就能成爲一個完美的收納空間**。

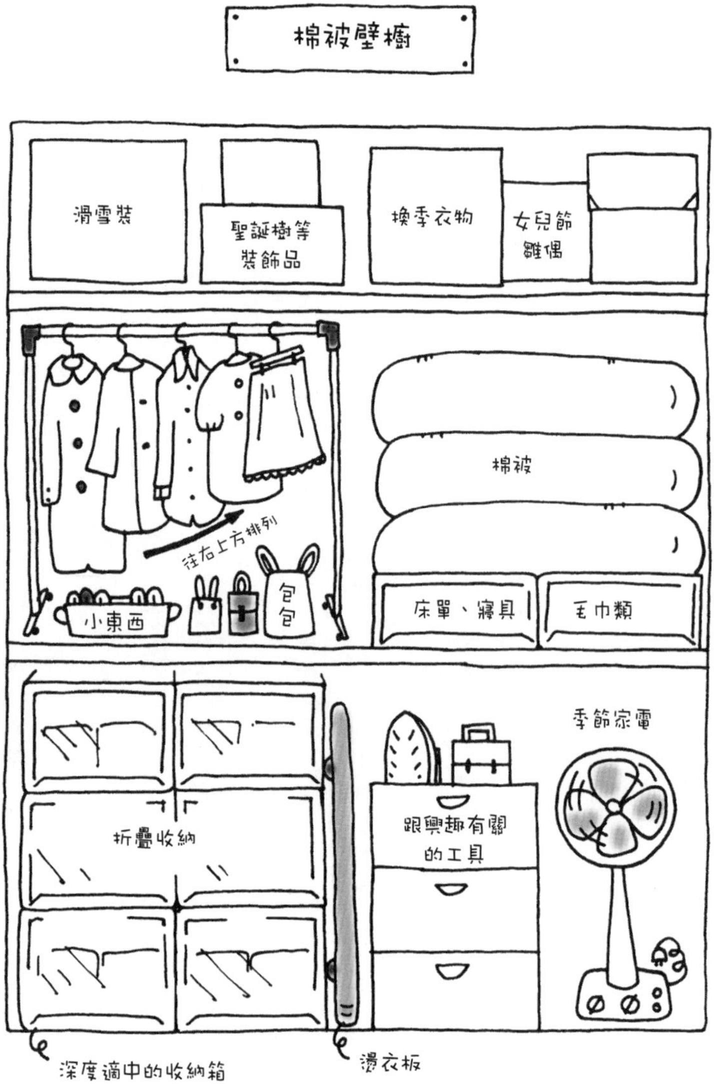
棉被壁櫥
滑雪裝
聖誕樹等
裝飾品
換季衣物
女兒節
雛偶
往右上方排列
小東西
包包
棉被
床單、寢具
毛巾類
季節家電
折疊收納
跟興趣有關
的工具
深度適中的收納箱
燙衣板

基於個人過去的經驗，我一直將棉被壁櫥視爲可用於收納的小房間。直到有一天，我遇見了一個讓我大感震撼的作品。

還記得那次我是到東京都文京區的彌生美術館參觀，在展示品中，有一幅名爲「棉被壁櫥的功夫」的畫作，裡面描繪著無人能敵的壁櫥活用術。

畫作內容是一個放在壁櫥裡的書櫃，書櫃最上方擺著人偶，還掛著一塊可愛的布當作門簾。

那幅畫首次刊載在知名插畫家中原淳一先生所發行的少女雜誌《向日葵》於一九四八年出刊的雜誌上。沒想到六十多年前就已經有人將棉被壁櫥當成衣櫥使用，還想出如此美麗的裝飾方法，眞令我驚訝……

那幅畫充分體現了「棉被壁櫥是房間一部分」的理論。

既能收納大量物品，又可以像房間一樣裝點得美輪美奐，還用拉門隔間……棉被壁櫥果然是收納天才啊！

收納就是要思考「自己與物品的關係」，並決定「物品居住的家」

大多數人都將收納衣物的抽屜式收納箱放在棉被壁櫥或衣櫥的下層。

究竟抽屜裡面該如何分類，才是最好的做法？

將衣物收在抽屜裡時，一定要講究最舒服的狀態，也就是要營造出最自然的狀態，如此一來，就能輕鬆擁有怦然心動的感覺。

如果有好幾層抽屜，愈下方要放愈厚重的衣物，愈上層則要收納愈輕盈的單品，這就是最自然的狀態。換句話說，**上衣類要放在上層，褲子與裙子類則要收在下層；輕薄的棉質衣物要放在上層，羊毛等厚重衣物則要收在下層**。圍巾和帽子等穿戴在頭部附近的配件，自然也要放在上層；享有ＶＩＰ待遇的胸罩則嚴禁收在最下面一層。這就是抽屜式收納箱的收納原則。

這個做法可以讓整體由下而上散發出漸入佳境的心動感，再利用吊衣桿營造出往右上方的「吊掛收納」，即可完成最強大的心動收納能量景點。

調整好整體平衡感之後，接著就要仔細研究抽屜裡的收納項目。**將整個衣櫥想像成自然界，抽屜就是每項物品的家**。安定感及收納的品質，就是所有東西能否安穩休息的關鍵。

之前我已經介紹過，收納衣服最理想的狀態就是「九成收納」，尤其是材質柔軟的衣物（內褲、絲襪、襯裙等）不容易折得美觀，因此一定要在抽屜裡塞得緊密一點，或是先放進紙盒裡，與其他衣物隔開來。

同樣的，衣物類的小配件也要分別收在盒子裡，看起來就會很清爽。例如替換用的胸罩肩帶、可拆卸的蝴蝶結，以及一定要保留的鈕釦，只要先收在戒指盒大小的盒子裡，再放入抽屜就行了。

如果是男性與女性共用一個衣櫥，我建議男性使用上層，女性使用下層。可能有讀者會問：「女性的衣服比較輕，不是應該放在上層才對嗎？」但我認為，讓男性使用上層，比較可以凸顯出他在家裡的地位。

參閱風水書之後，我發現書中認為男性的衣服屬「火」，女性的衣服則屬「水」。由此可見，同樣是衣服，也會因性別不同而擁有不一樣的特質。

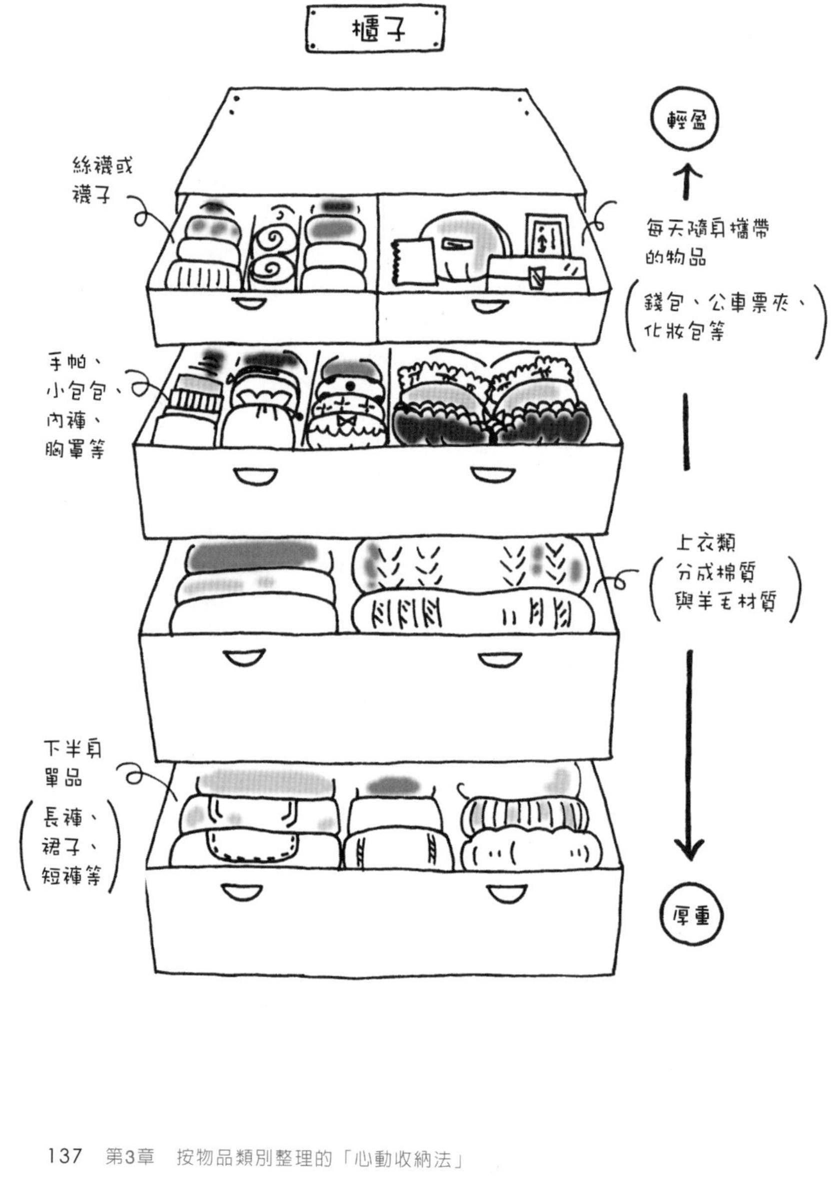
櫃子
輕盈
絲襪或
襪子
每天隨身攜帶
的物品
（錢包、公車票夾、
化妝包等）
手帕、
小包包、
內褲、
胸罩等
上衣類
（分成棉質
與羊毛材質）
下半身
單品
（長褲、
裙子、
短褲等）
厚重

此外，我認爲「火」擁有往上竄的特質，「水」則具有向下流的特性，因此火在上、水在下，才能避免氣場混淆（讓空間更顯清爽）。

另一方面，無論男鞋或女鞋，我發現鞋子都具有「打好基礎」的意義，帶有相同特質，因此在收納鞋子時，就要純粹從外觀考量，將又大又重的男鞋放在下方，輕盈小巧的女鞋放在上方，感覺才會均衡。

還有一個絕對不能忽略的收納場所：化妝包、筆、錢包與公車票夾等「每天隨身攜帶的物品」的家。最好能用盒子將這些東西隔開收納，盡可能提供ＶＩＰ待遇，然後一定要放在上層抽屜裡。

話說回來，我相信一定有讀者認爲，無論講不講究瑣碎的收納項目，都不可能改變自己的人生。

不可諱言的，收納所帶來的心動效果乍看之下很平淡，比起丟出一袋袋不要的東西、讓房間氣氛煥然一新的華麗「丟棄」法，收納說穿了就是坐在那裡默默地移動物品，找出只有自己才懂的小小喜悅罷了。

儘管如此，我還是要告訴各位，光是「丟」東西，並無法眞正完成整理這件事。一定要替所有與自己共同生活的東西找到一個它們覺得很舒適的固定位置，讓這些總是在背後默默維持我們正常生活的物品也能有一個安穩的家。我一直認爲，**像這樣一一感謝自己擁有的物品，透過收納的過程穩固「物品與自己的關係」，才是收納的本質**。

收納就是要決定「物品的家」。

我可以在此斷言，將家中的收納場所全部昇華成「讓自己心動的模樣」，你就可以得到光靠「丟棄」無法獲得、超乎想像的驚人效果。

收納要以「減少收納家具」爲前提

小東西是一般人最無法決定該如何收納的品項。

由於小東西的類別相當繁雜，因此讓它成爲看似難以收納的物品。

我以前也曾經爲了要找地方收納小東西，想了很久還想不出個結果，頭都快爆炸了，讓我想要將眼前散得到處都是的小東西全部丟掉，賭氣地想：「眞希望在我睡覺時能有小矮人幫我全部收好！」結果第二天醒來之後，發現家裡還是前一天睡覺前的模樣，只能絕望地望著收納櫃。這樣的事情我經歷過無數次了。

不過，請放心。整理作業該做的事只有兩件，那就是「選擇心動的物品」及「決定物品的定位」。已經完成衣服、書籍及文件等類別的判斷作業，選出心動物品的讀者，對於自己的心動判斷力應該已經擁有相當程度的信心，請安心進入下一階段，一一判斷小東西該捨或該留。

此外，在決定小東西的定位時，要做的事情也是只有兩件，那就是「按物品分類」及「實際收納」。

我已經說過，收納要到最後才決定，因此只要先做好物品分類，並挑出讓自己心動的東西即可。不過，收納時最重要的也是收納順序。

關於物品的分類方式，我會在後面的章節針對各類別說明處理方法，你可以直接參閱。

至於決定收納場所方面，由於每間房子的裝潢格局都會影響收納細節，因此要注意的鐵則只有兩項：

一、**從木作的收納空間開始收納**；二、**先確保大型物品的收納場所**。

首先介紹第一項鐵則：從木作的收納空間開始收納。

請先回想在展開整理節慶前，你所想像的「理想生活」。如果手邊有照片或剪報，不妨拿出來仔細端詳。相信大部分人都希望可以生活在「比現在更寬敞、更清爽的空間」吧！

接下來就要思考，**如何才能讓現在的房間變得比以前還要清爽、寬敞？答案很簡單，只要減少家具即可**。話雖如此，在不可能丟掉床鋪與沙發的情況下，可以減少的只有收納家具。

「這絕對不可能！」

我似乎聽見讀者們發出這樣的哀嘆了，但我可以告訴各位：「你絕對做得到！」

我在上整理收納課時，從一開始就是抱著「只使用木作收納場所」的想法，指導客戶完成收納。

不管現況如何，請先想像收納結束後的完成狀態，就是房子「重生的模樣」。此時，腦中一定會出現全新的居家空間——放在地上的透明收納箱與組合櫃消失了，東西全部收進棉被壁櫥與衣櫥裡。

無論我如何拍胸脯保證：「你的房間一定會變成理想狀態。」客戶往往半信半疑地說：「不可能，我家不可能變成那樣。」但是，大部分的結果都會如我所說的一樣。不可否認的，有時也會遇到心動物品太多、無法忠實呈現理想樣貌的狀況，但如果可以在一開始就想像好「房子重生的模樣」，整理完畢後，絕對會呈現驚人的成效。

換句話說，收納成功的祕訣就是要以「將所有物品收進木作收納空間」爲前提，從衣櫥與棉被壁櫥等家中原有的收納空間著手，完成收納作業。

除了衣櫥、棉被壁櫥、走廊的儲藏室、玄關的鞋櫃之外，床底下的抽屜和木作電視櫃等固定家具也可以視爲家中原有的收納空間。其他像是結婚時父母送的櫃子這種「絕對不可能丟掉」的收納家具，也屬於這一類。

如果是完全沒有裝潢，也就是沒有木作收納空間的房子，就要善用現有的收納家具，依照順序收納心動物品。

決定收納場所的第二項鐵則，就是「先確保大型物品的收納場所」。

所謂的大型物品包括棉被、收納衣服的透明收納箱、電熱器與電風扇等季節家電，以及掛衣架等體積較大的東西。換句話說，**收納時要先將這些東西放入家中原有的收納空間，這就是「先確保大型物品的收納場所」的意思。**

隨著收納愈來愈順利，有時難免會發生必須將大型物品放在外面的情形，但基本上，先將大型物品放入木作收納空間裡，剩下的地方再擺放小東西，依照這個順序收納，才能充分刺激人類的「收納腦」，打造出最適合的收納型態。

每當我提出「限制愈多愈容易收納」的觀念時，許多客戶都會覺得很驚訝，但事實上，這個做法可以徹底活化腦細胞，創造出最好的收納成效。

分辨貴重物品，先聞味道

看著散落在家中的各項物品，客戶不禁雙手叉腰，並嘆了一口氣，說道：

「麻理惠老師，妳說要按照物品材質分類收納，我可以分得出布製品、紙製品及電器製品，可是其他東西要怎麼分辨呢？」

「就聞味道啊！」

此時，空間裡流動著一股怪異的氣氛。

「呃……」

客戶瞪大眼睛看著我，於是我對她說：「請閉上妳的眼睛。」接著，我分別拿出三樣東西靠近客戶的鼻子前，各停留十秒鐘。

我問她：「請問妳聞到了什麼味道？」

「嗯……好像是錢的味道。」

雖然回答得支支吾吾，但她眞的猜中了。我拿出的東西分別是存摺、日幣一萬圓的紙鈔，以及百貨公司的禮券。

「貴重物品」這個類別包括存摺、卡片（信用卡或提款卡等）、印鑑、百貨公司禮券及現金等「與金錢有關的東西」，我發現這類物品總是會散發濃濃的金屬味——以「新硬幣的味道」來形容，各位可能比較容易理解。由於是與金錢有關的東西，自然比較尊貴，因此一定要好好收納，千萬不可怠慢。

平時不會帶在身上的信用卡、集點卡或掛號證等卡片類，可以一張一張地收在卡片夾裡，但我建議直接立起來放在盒子裡，這樣不僅可以提高收納效率，拿取時也比較方便。出國旅行時使用的錢包或外幣也算貴重物品。此外，存摺與印鑑必須存放在不同場所，絕對不可以放在一起，才能避免被偷時錢財被盜領一空。

雖然同爲紙製品，但書籍和文件這類以「傳遞資訊」爲主的物品，聞起來帶有些許酸味，這一點跟存摺及紙鈔等與金錢有關的物品不同，存摺及紙鈔聞起來帶著一股鐵澀味。後來我想了一下，或許這也跟胸罩一樣，與陰陽五行有關，於是我又去查閱風水書，才發現兩者眞的不同。**書籍屬「木」，錢則屬「金」**，而我翻閱的另一本書認爲，**「木」在味覺上屬於「酸味」，「金」則屬於「辛（辣）味」**。

不可否認的是，印製時使用的不同墨水、因書籍疊在一起而產生的發霉狀況等，或許都是造成這些差異的原因，但自古流傳下來的先人智慧竟然跟我的感覺吻合，還是讓我相當開心。

我有些客戶的感受或許不像我這樣強烈，但原本擁有大量物品、經過整理後大幅減量的客戶都會像我一樣，分辨出其中的差異。

物品除了原有材質的特色之外，用途和持有者的對待方式也會改變其散發出來的氣息。

就算物品本身沒有味道，我們的嗅覺還是可以感受到它的氣息。人類的感覺就是擁有無法以理論解釋的力量。

錢包與「Bra女王」並列兩大ＶＩＰ

貴重物品當中，最尊貴的莫過於錢包。

錢包可說是與「Bra女王」並列兩大ＶＩＰ，也是最適合以極度尊崇的方式款待的重量級物品，需要更高等級的細心呵護。錢財的重要性無須我多做介紹，而錢包就是貴重財物安身立命的家。

嚴格說來，眞正尊貴且值得尊崇的物品是紙鈔，但是當紙鈔赤裸裸地放在外面時，看起來氣勢相當弱。就算是日幣一萬圓的紙鈔，如果就那麼一張放在外面，很容易給人一種畏畏縮縮的感覺，原有的威嚴消失殆盡，看起來彎腰駝背、抬不起頭來。

然而，只要將紙鈔放進錢包裡，立刻就會散發穩重感與高貴的品格，重拾金錢原有的尊嚴，恢復不可一世的表情。正因如此，錢包，也就是金錢的家，才會這麼重要。

曾經有客戶驚歎地說：「錢包與紙鈔的關係，就像我跟我老公的關係呢！」沒錯，正因爲有錢包在背後默默支持，紙鈔才能盡情發揮，擁有自己的一片天。

老實說，錢包根本是勞碌命，不僅自尊心強，還要用微笑包容轉手多次的紙鈔。所以，請務必爲錢包準備一個特別的休息場所。

話雖如此，也不必想得太複雜，基本上跟其他物品一樣，只要有個固定位置可以擺放就行了。

關於錢包的收納方式，可以依照個人需求去做，在此介紹我自己的做法，供各位參考。

每天一回家，我一定會先把包包裡的東西放回定位，而且第一個拿出來的就是錢包。首先，我會取出收在錢包外口袋裡的收據，然後攤開點綴著粉紅色與黃色花朵圖案的白色絲棉手帕，將錢包放在手帕上。接著，我會對錢包說：「今天一天辛苦了。」感謝它的辛勞，然後像包禮物一般細心地將它包起來，包到一半時，放入親戚送我的小水晶，再確實包好。最後，**將包在手帕裡的錢包放入專用盒中，蓋上蓋子，收在抽屜一角，對它說聲「晚安」，結束它今天的工作**。

手帕就像棉被一樣，可以讓錢包安穩入眠，請務必選擇圖案讓你心動、並使用高級材質製成的款式。放進水晶並沒有什麼深刻的意義，後來聽朋友說「水晶可以增強財運」後，很自然就把水晶放進去一起包起來。至於收納錢包的專用盒，我使用的是買錢包時附贈的禮盒，然後收在存放「貴重物品」和「每天隨身攜帶的物品」類別的抽屜裡。

其實我自己也想不起來到底是什麼時候開始以這個方式收納錢包的，我只是想要盡最大的心力對錢包表達敬意，自然就養成這樣的習慣。或許有些讀者會認爲：「有必要弄得這麼複雜嗎……」其實除了打招呼之外，其他動作花不到十秒鐘。

有很多客戶聽了我的方法之後，開始將錢包收納在固定位置的盒子裡，以輕鬆的方式實踐錢包的VIP收納法，不久之後也發展出手帕包覆收納、道晚安等儀式。還有人在錢包收納盒的四周布置「護衛」，擺放可提升財運的護身符，在櫃子裡打造一個華麗的錢包宮殿。

「每次從錢包裡拿錢出來，我都會很感謝這些錢讓我每天都有辦法買飯吃，還可以購買讓我心動的物品。自從這麼想之後，我用錢的方式也明顯改變了。」每當聽到客戶這麼說，我就會確實感受到錢包VIP收納法的卓越功效。

以開設飾品店的感覺來收納飾品

我希望各位讀者每次在收納飾品時，都能想起這句話：「美麗不是一天造成的。」

女性的飾品爲了讓主人容光煥發，工作時無私奉獻自己的美麗，所以在它卸下工作之後，當然也要維持它的美麗才行。有鑑於此，收納飾品的關鍵就是要注重「美觀」，這一點與收納胸罩時相同。不過，飾品不像胸罩耗損率較高，而且還是可以大方呈現在世人眼前的物品，因此可以說是眞正的女王。

收納飾品的重點在於一定要重視美觀，即使需要花點時間也在所不惜。我每次在客戶家裡從頭打造飾品收納區域時，假如以單位面積來計算花費的時間，此處一直是我會花最多時間處理的部分。

首先要檢視的重點是：家裡是否原本就有飾品收納處？這一點會完全改變飾品的收納方式。

以抽屜收納爲例，梳妝檯是最具代表性的飾品收納場所。打開抽屜時看到一個個密封的飾品盒，這樣的收納方式並沒有錯，**但我強力推薦「展示收納」，也就是一打開抽屜就要看到美麗的飾品、仿效飾品店展示櫃的擺放方法**。

如果家裡沒有梳妝檯，也可以使用五斗櫃的抽屜，或是書桌最上方高度較低的抽屜。

抽屜裡要放滿小空盒做出區隔。可以使用飾品盒（盒子與蓋子都可運用），或是一般餅乾、巧克力盒子裡常見的方格狀塑膠盒，只要是家裡現有的物品都可以盡情運用。

話說回來，有些讀者可能會認爲：「用空盒收納飾品雖然很方便，但看起來好像不夠美觀……」既然是要給女王（飾品）住的家，當然不能敷衍了事。面紙盒這類空盒太過生活化，質地太軟的盒子也不適用，基本上一定要選擇外觀漂亮、做工扎實的盒子。

漂亮盒子的數量如果不夠，也不必擔心，當盒子放入抽屜裡，打開抽屜時只會看到盒子內側的底部。

即使露出內側的瓦楞紙也沒關係，只要在底部鋪上自己喜歡的紙就行了，此時正好可以將「心動卻沒有用的物品」派上用場。把明信片、包裝紙、喜歡其圖案的紙袋剪成適當大小，不只可以用來美化盒子內側的底部，也能美化抽屜底部。

除了紙盒之外，也可以善用小盤子。我就有客戶曾經因爲一時衝動，買了自己最喜歡的北歐品牌玻璃菸灰缸，卻一直沒有機會使用，便拿來收納飾品，看起來眞的好美喔！

常見的飾品收納處除了抽屜之外，還有以珠寶盒或大型化妝包爲主的盒內收納。如果妳已經擁有自己喜歡的珠寶盒，請務必善加運用。由於珠寶盒原本就是設計來收納飾品的，隨便擺放都很美觀，輕輕鬆鬆就能完成飾品收納，省時、省力，眞的是好處多多。

假如妳現在擁有的珠寶盒無法讓妳心動，不妨拆解後再次利用。

每次一聽到客戶說：「這個珠寶盒無法讓我心動，我要丟掉。」我就會說一句：「這樣啊。」然後拿過珠寶盒，打開玻璃蓋，以膝蓋用力夾住盒子，將蓋子與本體拆開來，再把手指放入鋪在裡面的三排山形戒指座兩端，施以巧勁拿出來。客戶經常被我這樣的行爲嚇到，瞪大眼睛看著我。

接著，將卸下蓋子的珠寶盒本體直接放入抽屜，或是把剛剛拿出來的戒指座放進其他小盒子裡，就能確實區隔出抽屜的收納空間。

飾品收納的隔層最能展現主人的玩心與手作天分。

在隔層邊上割一道切口，再將項鍊的鍊子嵌進切口裡，就能避免鍊子纏在一起（如果使用的是紙盒，就能輕鬆切割）；用裝飾著閃亮飾品的鬆緊髮帶輕輕綁住項鍊……只要發揮巧思，就能讓人感到驚喜。

此外，**我也推薦開放式收納法，亦即具有裝飾效果的展示收納技巧。**

家裡如果有軟木板，就可以將飾品掛在軟木板上，這種做法最常見。此時不要用一般的圖釘來垂掛項鍊，請善加利用只剩一邊的耳環，以增添可愛風格（耳環既可當裝飾，也可以用來垂掛細項鍊）。

採用開放式收納法收納所有飾品時，需要較大的空間與材料，因此比較適合收納高手。不妨搭配抽屜收納與盒內收納，將每天配戴的飾品及當季飾品放在小盤子或托盤裡，大方展示出來。

無論採用的是梳妝檯、珠寶盒或軟木板，最重要的就是展現自己的玩心。以開設專屬飾品店的感覺來收納飾品，就是最能讓人怦然心動的整理之道。

「化妝」是讓當天的自己變身為女性的重要儀式

和Bra女王及飾品一樣，**收納時須注重美觀的，還有化妝用品。**

化妝用品的收納法與飾品相同，基本上分成兩種，一種是利用梳妝檯或五斗櫃的抽屜收納，另一種則是將整套用具放進化妝箱或化妝包的盒內收納。家裡如果有梳妝檯，就完全無須考慮，因為梳妝檯是收納化妝用品最好的夥伴。

在我的客戶之中，家裡有梳妝檯的接近三成，可是充分運用梳妝檯的，卻只有一位。

我有位客戶M小姐，當我走進她的房間，看見某樣家具，一時之間竟然認不出那是什麼！結果，那是一個以深褐色木頭製成、寬度較窄的梳妝檯，看起來卻像蒙上一層霧，完全看不清楚它的眞實樣貌。

她的梳妝檯桌面四處散落著化妝用品——從瓶身邊緣稍微溢出的粉底液、瓶蓋有裂痕的蜜粉、蓋子大開的腮紅與眼影，以及放在旁邊完全沒收拾的刷具。最上方的淺抽屜沒關，指甲銼刀和口紅也都沒收，直接放在外面。更糟糕的是，整個桌面就像用篩網篩過糖粉一般，看起來霧濛濛的。與其說是梳妝檯，用廢校舍來形容還比較貼切。

購買梳妝檯的用意原本是要讓自己變得更美，但很多人買來之後卻丟著不用，直接在盥洗室隨便畫兩筆，或者只將梳妝檯拿來放置化妝用品。

話說回來，我自己並沒有什麼化妝用品，也完全不會化妝。

我曾經思考過，除了一般的整理祕訣之外，收納化妝用品時是否有特別的訣竅？我原本打算去採訪百貨公司的化妝品專櫃小姐，或是去問很會化妝的朋友，不過，這時我剛好遇到另一位客戶S小姐，她是一名彩妝師。

S小姐曾經是彩妝講座的講師，也在巴黎時裝週擔任過彩妝師的工作，現在除了是藝人的專屬彩妝師之外，也擁有自己的彩妝沙龍，傳授化妝技巧，是一位名符其實的彩妝專家。

而且她收納化妝用品的方法，令我不禁舉起大拇指稱讚：「不愧是專家！」

她剛把自己的梳妝檯送人，現在是將化妝用品與大型折疊式化妝鏡收在盒子裡。包括粉底在內的底妝品、眉彩、眼影、唇膏與刷具等化妝品和用具都分門別類，**可以**

站立的就採直立收納，方便拿取，而且所有物品排列得相當整齊，讓人一目了然。

「我將所有化妝用品分成一軍（每天必用）和二軍（與一軍相同的其他備用款式），一軍全都是『基本彩妝會用到的品項』，並且收在化妝包裡隨身攜帶，需要補妝時就能派上用場。

「化妝過程如果變得太複雜，就會失去意義，因此收納時，我一定會盡可能減少使用步驟。

「我建議假睫毛一定要能隨時替換。先從紙上撕下來，刮掉底膠並弄軟後，再修剪成適當的長度……戴假睫毛的過程相當繁複，所以每次買回來之後，我都會把包裝拆掉，事先處理好，需要的時候就能直接戴上去。」

S小姐一邊分享自己的心得，一邊拿出一個輕薄的塑膠藥盒，裡面放著事先剪成一小段一小段的假睫毛，看起來好像小蟲子一樣。此外，她還將棉花棒分裝在名片大小的盒子裡，把需要用到的眼影顏色從原本的眼影盒裡拿出來，組合成自己獨創的眼影盤……總之，她盡量發揮巧思，簡化化妝的步驟。

「化妝品容器最忌諱髒污，而粉狀化妝品的粉末很容易飄得到處都是，因此用完後一定要擦乾淨，否則一個不小心，美麗就會離我們愈來愈遠。

「已經開封的粉狀化妝品最多只能使用兩、三年；唇膏大致可用一年，但如果發出油耗味，就要立刻丟掉；粉底液等最貼近肌膚的底妝品，用一年就要汰舊換新。」

我在上課時，常常看到客戶的化妝品用了五年還在使用……彩妝專家認爲的化妝品使用期限，比一般人想的還要短。

「化妝並不是義務，如果沒有意願，很難維持化妝的習慣，因此一定要購買可以引起自己化妝意願的產品。

「化妝用品是最需要注重心動感的物品。由於化妝是讓當天的自己變身爲女性的重要儀式，若是對每天早上的化妝儀式沒有心動的感覺，人類的惰性就會跑出來敷衍了事，那麼妳的一天也會一事無成。」

這席話對我來說眞是當頭棒喝，各位是否也有同樣的感受？

S小姐所說的話讓這堂課很自然地從收納講座變成彩妝心得講座，重要的是，我從中發現了兩個重點。

第一個重點就是收納一定要簡單。由於化妝用品的數量較多，因此一定要一眼就看清楚什麼東西放在哪裡。

像S小姐一樣分門別類擺放即可。要做到這一點，就必須仔細區隔收納空間，因此需要用到專業彩妝師用的那種裡面有很多夾層分格的化妝箱，或是準備空盒或收納盒，再利用隔層分開收納。

「可是我的化妝品並不多，不需要分得那麼細……」

其實我也是這樣。**假如妳是這種化妝用品並不多的人，請用最簡單的分類方法：分成可以直立的用品，以及無法直立的用品。**

請準備一個「直立用品」的容器（圓罐或玻璃杯皆可），無論是睫毛膏、眉筆或腮紅刷，只要是可以直立的棒狀物品，統統放在這個容器裡。其他用品則全部收在化妝包或盒子裡。

此外，粉餅和眼影盤這類可以立起來的化妝品，也要以直立收納的方式節省收納空間。但話說回來，如果收納空間足夠，不妨平放眼影與腮紅，這樣做不只可以凸顯彩妝色調，看起來也更加讓人心動。所以，請依個人喜好調整即可。

化妝品和護膚品一定要分開收納

完成判斷程序，留下讓自己心動的化妝用品之後，每個人都能輕鬆完成簡單明瞭的化妝用品收納。

接下來要說明的第二個重點，就是情境。說得清楚一點，就是如何讓化妝時間變成讓自己怦然心動的時光。

這時就該梳妝檯粉墨登場了。順帶一提，從來沒有人因爲「沒在使用」而丟掉梳妝檯。

整理化妝用品的過程不僅能讓自己更重視化妝時間，也可以讓儼然成爲廢墟、只是放在家裡占空間的梳妝檯復活。

只要確實整理，梳妝檯就能昇華成最棒的舞台，妳便可以在此隆重舉行「讓當天的自己變身爲女性的重要儀式」。

正因爲有梳妝檯這位最佳配角，才能讓選擇腮紅顏色並以刷具刷在臉頰的日常動作，看起來就像電影場景一般優雅從容。

即使家裡沒有梳妝檯，也無須在意，只要好好收納化妝用品，讓化妝成爲一天之中最重要的行爲之一，就能大幅提升化妝時光的心動度。因此不妨發揮巧思，盡情享受。

收納化妝用品時，請務必注意一件事：化妝品和護膚品一定要分開收納。

有許多女性讀者可能會認爲：「護膚品和化妝品不是都屬於『化妝品』這個類別嗎？」

事實並非如此。

教導我許多化妝常識的彩妝師S小姐曾經對我說：「護膚是每天早晚都要做的事，化妝則只有早上才要做，因此這兩者截然不同。」

而站在我個人的立場，我認爲這兩項物品的特性原本就不一樣。

包含化妝水、乳液與美容液在內的護膚品質地水嫩，呈現出水一般的感覺。另一方面，化妝品之中則有許多像蜜粉這類的粉狀產品，或是腮紅刷等彩妝工具，這些東西都沒有水的感覺，而且一旦遇上護膚品產生的水氣，功效反而會減弱，例如使用化妝水時，如果不小心滴在腮紅的粉體上，就會導致腮紅品質劣化，減短使用壽命。

爲了避免這種情形，化妝品一定要與護膚品分開收納。

有些人會將化妝品和護膚品一起收在梳妝檯的同一個抽屜裡，就算這樣，也要分裝在不同的盒子裡，保養時就拿出收納保養品的盒子，然後到其他地方細心呵護肌膚。把它們當成截然不同的物品來對待，就能避免發生問題。實際嘗試之後，妳一定也會認同「這麼做比較自然」。

假如盥洗室有足夠的收納空間，大多數人都會把護膚品擺在此處。若是家裡的盥洗室沒有地方收納，不妨利用衣櫥或棉被壁櫥一角，打造出一個放置個人小東西的場所。

有些護膚品也具有彩妝功能，例如可以修飾膚色的乳液，像這類不知屬於護膚品或化妝品的產品，可自行決定要歸在哪一類。至於髮妝產品，只要統一收納在化妝品或護膚品的旁邊即可。香水則可以跟著飾品一起採取開放式收納，或者擺在化妝品旁邊。

巧妙拆解收納盒，靈活運用洗臉台下方的空間

雖然我很不想承認，不過我之前還跟家人同住時，從來沒有將盥洗室整理到自己滿意的程度。

盥洗室擺放的物品眞的很多，包括備用的牙刷、化妝品試用包、香皀等都會放在這裡，東西多到我自己都無法理解，但我也不能因爲東西太多而隨意丟棄。

更重要的一點是，洗臉台附近總是濕答答的。我一看到四散的水滴就會坐立難安，但如果苦口婆心地勸家人「用完就要把水擦乾」，一定會讓家裡的氣氛變得很僵，於是我再也不敢多說什麼。

到最後，我只能「默默打掃」，表達無言的抗議。

過去我曾經觸犯偷偷將家人的東西丟掉的禁忌，最後被家人宣判「整理禁令」。比起那時候，我現在的做法成熟多了。我已經充分體會到亂動他人物品所帶來的後果。

無論如何，自己使用的時候一定要盡量維持舒適的空間，就當是父母讓我住在家裡的回禮，只要一看到洗臉台的水漬就擦拭——我就是這麼想，才開始「默默打掃」的。

其實不只是自己使用的時候，每次經過盥洗室，我都會順便檢查洗臉台有沒有水漬，並擦拭乾淨，而且每個月還會打掃一次，將櫃子裡的東西拿出來，再用水徹底清洗玻璃層板。

雖然我很努力維持打掃的習慣，但還是會因爲工作忙碌，不小心忘記。久而久之，洗臉台就變得潮濕滑溜，讓我相當氣餒。

每次一提到整理，盥洗室總是很容易被忽略。這個地方有太多人使用，不只家人會在此洗臉、洗手，還要存放許多消耗品，眞的很難維持整潔。

以場所類別來思考收納這件事情時，一定要考慮該場所存在的目的。盥洗室裡的洗臉台不只用來洗臉、刷牙，洗澡前後還會在這裡整理儀容，有些人家還會將洗衣機放在盥洗室旁……我認爲，盥洗室應該用來收納「水製品」及「與肌膚有關的產品」。

整體來說，盥洗室裡最常收納的物品類別如下：

・盥洗用品（護膚品、護髮品、牙刷類、吹風機、洗臉用的髮帶與髮夾、化妝棉與刮鬍刀等消耗品、毛巾、備用的消耗品等）
・洗澡用品（洗髮精類、入浴劑）
・洗衣用品（洗衣精、洗衣網、洗衣夾）
・浴室清潔用品（清潔劑、菜瓜布等）

如果盥洗室有木作的抽屜式收納櫃，只要遵守「按物品分類」與「直立收納」的基本原則即可。

值得注意的是洗臉台下方。覺得「盥洗室整理得不如預期」的人，通常都是因爲沒有好好利用這個空間的關係。

一打開盥洗室的門，就會看見地上擺滿了掃除用具及洗髮精等瓶瓶罐罐的清潔用品，上半部則是空盪盪的……

由於洗臉台下方完全沒有層架，想要靈活運用這塊收納場所，祕訣就在於「利用垂直空間」。在這種情況下，光靠隔層收納盒發揮不了作用，此時就是使用收納商品

的最佳時機。

我最常用的就是整理完小東西後剩下的透明收納盒，只要深度夠，請不要猶豫，直接放入洗臉台下方就對了。如果抽屜上方還有空間，可以放一個拿掉蓋子的盒子，用來收納瓶瓶罐罐或吹風機，充分利用垂直空間。

遇到「深度夠，高度卻太高」的收納商品也沒關係，如果是由好幾層組合而成的透明收納盒，可以拆解運用。先將抽屜拿出來，將本體上下翻轉，然後用腳踩住最上面的層板，以全身的力量往上拉，就能拆下每一個抽屜。最後再依照需求組成一層或兩層的收納盒。有滑輪設計的收納箱，也可以將輪子拆下來。

除了抽屜式收納箱之外，有櫃腳的簡易五斗櫃也很好用。若是家中沒有五斗櫃，也沒有抽屜式收納箱，那麼在有蓋子的盒子上面放一個沒蓋子的盒子也行。不過，這個方法會讓下方的盒子不容易打開，較適合存放牙刷或香皂等消耗品的備品，減少打開盒子的頻率。

內衣褲絕對不能放在盥洗室裡

全家人一起生活時，盥洗室要先收納一家人共用的物品，接著再存放個人使用的東西。

換句話說，**就是要先確保牙刷類、吹風機、毛巾與掃除用具等共用物品的收納空間，剩下的空間再依照使用者劃分，讓每個人隨意收納自己的護膚品等私人物品。**

如果盥洗室的空間不夠，私人物品就收在每個人自己的房間裡。

盥洗室的收納細節請依照家庭狀況調整，不過一定要訂出明確的規則。

決定好規則後，也不要忘記做好防水措施。我曾經在客戶家裡看過她使用的方法，實地操作之後，發現眞的很簡單。

除了擦手的毛巾之外，只要在盥洗室裡再放一條擦拭水漬的毛巾就可以了。家裡已經這麼做的讀者可能會覺得：「這也太簡單了吧！」不過，我從客戶身上眞的學到了很多生活小智慧。

感謝客戶的生活小智慧，現在我老家的盥洗室隨時都維持得亮晶晶的。

話說回來，可能是因爲我一直強調無論是衣服、文具或化妝品，所有物品都要採取「直立收納」，因此常常有人問我：「毛巾不能堆疊收納在洗臉台旁的木作櫃裡嗎？」

由於飯店與樣品屋都是將相同顏色的毛巾堆疊收納在櫃子裡，大家才會有這樣的疑問。

我之所以推薦「直立收納」，原因有兩個：一、這樣可以清楚看見每一樣東西，方便選擇，拿取時也不容易破壞收納狀況；二、堆疊收納會導致下方的物品被擠壓，容易感到窒息。

一般來說，毛巾是「依序使用」多過「選擇使用」的物品，因此只要可以維持洗好的毛巾收在最下方、使用者從最上面的毛巾依序取用的習慣，就不會破壞收納狀態。此外，毛巾是每天都會用到的物品，處於堆疊收納狀態的時間相較之下也較短。

換句話說，毛巾是可以堆疊收納的。

當然，如果你想要「看心情選用毛巾」，不妨在櫃子裡擺一個籃子，然後將毛巾像衣服一樣折好後直立收納。

我要特別提醒一點：我發現很多人會將內衣褲放在盥洗室裡，這樣的做法並不適當。最大的原因是，盥洗室屬於「公共空間」，而內衣褲是不能讓別人看見的「私密物品」，若是收納在其他人進進出出的公共空間，就算沒人會看見，也會讓內衣褲感到心神不寧。尤其是女性，絕對不能將自己的內衣褲收納在盥洗室裡。

思考收納時，請忽略生活動線——這是我的基本收納哲學之一。我還是認為內衣褲與其他衣服一樣，應該細心地收納與對待。

廁所是「重視外觀」的收納場所

老實說，廁所是最常被認為「很好收納」的場所。

收納在廁所裡的物品包括衛生紙、掃除用具、除臭用品與生理用品，除非備品的庫存量過多，否則一般來說收納難度較低。拜訪客戶家裡時，我幾乎沒有遇過廁所收納嚴重出錯的情形。

反過來說，或許正是因為如此，我也很少碰到可以鼓掌讚歎「完美！」的廁所收納。不過，我也曾經輕忽廁所收納的重要性。

以前朋友來家裡玩的時候，發生過一件事。

我朋友上完廁所後，走出來對我說：「剛剛衛生紙用完了，我幫妳換好新的囉！」

聽到這句話，我當場愣在那裡。我沒想到她竟然會打開廁所裡的收納櫃……

因爲收納櫃裡的東西放得很雜亂，我覺得很不好意思。

雖然腦中閃過「妳怎麼亂開人家的收納櫃……」的想法，但朋友沒衛生紙可用，就無法走出廁所，再說我應該將備用的衛生紙放在顯眼的地方才對。說到底，這一切都是我的錯。

朋友回家之後，我趕緊打開廁所裡的收納櫃仔細檢查，發現裡面隨意擺放著基本上一定會用到的東西。雖然並不凌亂，但一打開櫃子就會看到商品包裝，根本算不上是心動收納。

枉費我是一個以整理爲業的人，枉費我平常一直在說「看不見的地方更需要怦然心動」……不，在檢討這些之前，身爲女性，廁所收納竟然隨便敷衍了事，這眞是難以言喻的恥辱。

仔細想想，廁所是家裡共用程度最高的地方，客人使用廁所的頻率比廚房高出許多，廁所收納櫃被開啓的機率也比衣櫥高太多了——重點是，裡面擺放的全是生活氣息強烈的物品。

雖然那些東西幾乎沒有機會讓人看見，但若是廁所收納狀態顯得髒亂不堪，只要一次不小心，就會毀了你的評價。由此可見，廁所才是最應該「重視外觀」的收納場所。

家中廁所如果有木作收納櫃，收納方法就很簡單，大前提就是要將所有物品全部放進木作櫃裡，而且要營造出「不小心被客人打開也不覺得難爲情」的收納狀態。利用伸縮桿打造收納架時，也要遵循同樣的原則。

首先要放的就是衛生紙。最好的收納方法是將所有衛生紙放進一個籃子或盒子裡，若是找不到適合的收納用品，也可以保留包裝袋，直接放入收納櫃。但如果用到只剩下一、兩包，包裝袋就會鬆垮不堪，容易顯得雜亂，此時不妨將衛生紙從包裝袋裡拿出來，直接放入收納櫃裡。假如衛生紙庫存太多，無法全部擺進櫃子裡，就應該將多出來的備品劃入「消耗品庫存」，與其他庫存品一起放在別的地方。

接下來是芳香噴霧劑及掃除用具。通常芳香噴霧劑的噴嘴處都會貼著一張寫著

「除臭！」的貼紙，這張貼紙要立刻撕除。經常使用的除菌紙與清潔劑，也要將外包裝整個撕下來。廁所用品的包裝設計通常都色彩鮮豔，撕除外包裝可以讓收納櫃看起來格外整潔。不過要注意的是，家中如果有幼童，請勿撕除外包裝。此外，使用頻率較低、用的時候必須確認使用方法的水管疏通劑，也同樣不能撕除外包裝。

廁所收納最需要講究的物品，就是生理用品。絕對嚴禁的收納方式，就是將生理用品放在藥妝店提供的塑膠袋裡，再連同塑膠袋放入收納櫃。此外，雖說是放在櫃子裡，也絕對不能直接露出外包裝。就算家裡全是女生，也要稍微隱藏生理用品的存在感。

最理想的做法，是將生理用品收在籐籃或是讓自己心動的盒子裡，收在多出來的環保袋中也是不錯的方法。此外，使用自己喜歡的店家的購物袋也行，不過最好避免會發出沙沙聲或啪哩聲、材質較硬挺的袋子，以質地柔軟、好塑形的袋子收納，拿取生理用品時才不會發出惱人的噪音。

全家人同住時，廁所的收納空間較少，不妨將生理用品收在衣櫥等私人空間裡。

廁所收納到此告一段落。老實說，此處的收納作業並不複雜，只要找到適當的盒子或袋子，短短十分鐘就能收納完畢。**在廁所裡使用的東西原本就比較少，基於這一**

點，廁所是家中難得從「如何打造心動廁所」的觀點來考量更能讓整理作業事半功倍的場所。

有鑑於此，接下來要做的就是增添心動元素。空間不大的廁所只要稍微裝飾一下，就能瞬間改變整體印象，因此，漫無目的地把東西收在裡面，反而浪費了最容易發揮的空間。

請重新檢視你目前裝點在廁所裡的物品：每年都會貼在牆上的月曆、九九乘法表、從未閱讀卻總是放在廁所裡的書……它們讓你的廁所充滿心動感了嗎？

廁所是將穢物排出體外的地方，它就只有供人排泄的功能而已。因此，除非可以讓你吸收多餘資訊的來源是讓你心動不已的事物，否則絕對不要擺放任何讀物。

相反的，你應該盡情在廁所裡增添令自己心動的元素。

點上薰香，以花朵、畫作或小東西裝飾，貼上大塊布料以取代壁紙，選擇自己喜愛的踏墊和馬桶布套，隨心所欲地運用自己喜歡的物品，讓廁所充滿自己的風格。

在偶然的機會下使用主題樂園或餐廳的廁所時，如果發現廁所的裝潢也跟樂園或餐廳一樣講究，你是否也會覺得很開心？比方說，在夏威夷風格的咖啡廳使用廁所時，看到門上裝飾著扶桑花或雞蛋花的花飾，牆上貼著椰子樹或跳著草裙舞的夏威夷女郎的明信片，洗手台放著烏龜造型的擺飾品，整個空間則散發椰子的甘甜香氣……當你踏進這樣的廁所時，是不是也覺得怦然心動？

如果你或你的家人有很明確的喜好，而且身邊就有可以用來裝飾的小東西，不妨現在就來挑戰，打造一個「怦然心動的主題樂園廁所」。由於每個人待在廁所裡的時間都很短，因此可以隨心所欲地提高心動濃度，這就是廁所最迷人的地方。

如果你希望「待在家裡的廁所時可以輕鬆一點」，或是「喜歡簡樸的『侘寂美』❶世界」，請依個人喜好調整心動元素的數量。

家裡使用一體成型的衛浴設備，廁所和浴缸緊鄰在一起時，一定要注重「乾淨整潔的感覺」，因此要把防水垢和防霉對策擺第一。盡可能減少擺放在外的物品，將消耗品收在衣櫥或儲藏室裡，擺設品的數量也要降到最低，然後善用防水壁貼之類的東西，就能輕鬆維持心動空間。

無須我多做說明，勤於打掃是維持廁所心動感的不二法門。除了馬桶刷和衛浴專用垃圾桶之外，盡可能不要把東西擺在地上。

鞋櫃收納重點是「一飛沖天的心動感」

自稱「整理變態」的我，只要向主人打完招呼、一踏進玄關，就能完全掌握房子裡的收納狀況，就連棉被櫥櫃也逃不過我的眼睛。

地上堆滿鞋子和放滿報紙的紙袋，鞋櫃上還有主人順手擺放的鑰匙、手套和宅急便的託運單……

曾經有客戶說：「家裡的玄關不能用。」於是我不得不從後門進入他家。走到玄關一看，發現那裡堆滿了裝著衣服和書籍的瓦楞紙箱，看起來就像一座倉庫，而屋子裡面也跟我想像的一樣，處於倉庫狀態。這個例子雖然很極端，但依照我個人的經驗，玄關如果一團混亂，通常家裡的每個房間也會一樣亂。

即使玄關乍看之下很整潔，只要感覺通風不良，通常就是棉被壁櫥裡堆滿東西的徵兆。

因此，**整理玄關時一定要注意通風**。

我在整理一個家的時候，都會注意風流動的動線。我會先確認從玄關進來的風會穿過家裡的哪些地方，然後我就不會在那些地方擺放多餘的物品。

玄關雜亂不堪、鞋子從來不收的居家環境，一般來說都會讓人覺得窒息。

門口處最好不要擺任何東西，只有當天穿過的鞋可以放在那裡通風，而且擺放的鞋子數量絕對不能超過家庭成員的人數。如果是嬰兒車這類必須使用一段時間的物品，平時可以放在玄關。

鞋子的收納方法只有兩種，第一種是直接收在鞋櫃裡，第二種則是先放在鞋盒裡，再收進鞋櫃。如果家中鞋櫃的層板數量足夠，直接把鞋子收在鞋櫃裡會是最好的方法。鞋盒裡面通常會塞紙，而且較占空間，因此，如果以提高收納力爲優先考量，現在就將鞋子從鞋盒裡拿出來。

此外，在一個鞋盒裡放兩雙以上的鞋子，則能有效利用鞋盒來收納。但因爲這樣做必須將鞋子放倒，所以請務必選擇外型小巧、不怕破壞鞋型的鞋款。以輕薄的夾腳拖鞋爲例，一個鞋盒可以收納兩雙鞋。

收納的基本原則，就是要減少體積，並善用垂直空間。由於鞋子無法減少體積，因此只能從善用收納場所的垂直空間著手。此時，市售的收納商品就是最能派上用場的小幫手。上下都能套住鞋子的Z字型鞋架可以充分運用鞋櫃層板的高度，增加兩倍收納力，碰到家中人口較多、收納空間不足時，不妨多加利用。

鞋櫃收納的重點在於「一飛沖天的心動感」，基本上就是將較重的物品放在下方，愈往上則收納愈輕盈的物品。首先，按照鞋子的所有人劃分收納空間，男鞋放在下層，女鞋擺在上層，家裡如果有小孩，童鞋則要放在最上方（若是孩子身高太矮，手搆不到鞋子，可以適度調整童鞋的收納處）。假如一個人可以使用好幾層鞋櫃，那麼就把平底鞋、皮鞋等日常外出鞋款放在下層，拖鞋則收納在上層。

玄關最好不要放東西，如果想要增添心動元素，請遵守「只以一件心愛物品點綴」的裝飾原則。若是想要擺幾樣小東西，不妨收在托盤或鋪墊上，營造出「整體感」，就能避免看起來雜亂。

與其用大量的心動物品來點綴，重視通風的擺設更能營造出舒適的玄關氛圍。以大量心動物品裝飾的做法，建議運用在其他房間裡。

理想的收納，就是在家中畫出一道彩虹

我想大家應該已經聽到耳朵長繭了，不過我還是要再次強調，「麻理惠的怦然心動人生整理魔法」講究的是「正確的整理順序」。

需要整理的東西可分成衣服、書籍、文件、小東西與紀念品五大類，並依照這個順序判斷每一項物品的心動度。

關於書籍和文件的整理方法，只要依照我的上一本書《怦然心動的人生整理魔法》所寫的內容去做即可，這裡就不再贅述。不過，我在此還是給各位讀者一點建議：整理書籍時，一定要將所有的書從書架上拿下來，並堆疊在地上。每當客戶對我說他的書在整理之後都沒有減少，仔細一問，才發現幾乎都是因爲對方沒有遵循這項做法的緣故。

此外，整理文件的黃金原則是「基本上文件要全部丟掉」，除了合約、報稅時要檢附的扣繳憑單等必須保留的文件之外，其他的請全部丟掉。

這裡就從一般家庭都有的物品當中，選出較具特色的類別，一一說明收納方法。收納其他小東西時，只要遵守「按物品類別收納」這項基本原則即可。除了「文具類」「電線類」「藥品類」「工具類」之外，可依照個人需求創造新的物品類別。

例如喜歡畫畫的人，就可以建立「畫具類」。我有個客戶則是很喜歡蒐集便利貼，數量多達兩個抽屜，因此，她特別爲了自己的嗜好另外成立「便利貼」這一類。如果平時興趣比較廣泛，喜歡書法、裁縫、製作飾品，所以家裡有許多小道具，那麼不妨將所有興趣整合在一起，設立「嗜好用工具類」。

家裡存放了太多清潔劑與菜瓜布，無法全部收納在廚房或盥洗室裡時，不妨將所有備品擺在「消耗品庫存」的抽屜式收納箱裡，然後收在儲藏室或棉被壁櫥一角。

按照自己的需求完成分類之後，最後要遵守的重點只有一個：**性質相同的物品要收納在一起**。只要遵守以上的收納原則，就萬無一失。

舉例來說，電線類的隔壁要收納「散發電力味道」的電腦相關產品；電腦相關產品的旁邊要收納「與電力有關」的數位相機。有些人則會在電腦旁邊收納「每天要用」的文具。

像這樣不斷重複地玩「聯想遊戲」，就能讓性質相近的物品確實收納在一起。

如此一來，不僅每一樣東西都確實分類，還彼此相關，環環相扣。

請依照自己的想法去感受或找出物品之間的關連，將性質相近的物品收納在一起，就能營造出漸入佳境的感覺。

收納就是在家裡畫出一道美麗彩虹的作業。

就像彩虹的漸層色調一樣，按物品分類時，即使存在著模糊地帶也不必擔心。只要最後自己清楚地知道什麼東西放在哪裡，並營造出對物品、對自己而言最自然的狀態就行了。**最重要的是，只要自己認爲「應該放在這裡」，就是目前最好的收納方案**。在思考物品類別和收納場所時，千萬不要想太多。選出令自己心動的物品之後，接下來輕鬆愉快地應對即可。

我可以充滿自信地告訴各位，全天下沒有一件事比收納更有趣。

儘管無法更具體地形容，但以心動的感覺挑選物品，收納時還要感受每一樣東西之間的關連，像這樣進行收納作業，不只最自然，也最能打造出讓自己舒適愉快的居家空間。我深深相信這一點。

整理是一項讓居家環境更接近自然狀態的作業。

❶「侘寂美」是源於日本的一種美學理念，主張簡樸、自然、不加矯飾的美。

第 4 章

這樣整理，打造怦然心動的幸福廚房

不要將「容易拿取」視為廚房收納的理想狀態

「廚房東西好多，真不方便。」

H太太正為廚房收納煩惱，她與先生及兩名女兒一家四口住在三房兩廳的公寓裡。她帶我來到大小約一坪的廚房，整個空間只能以「灰暗」來形容。

水槽裡還放著早餐使用過的盤子和筷子，以吸盤固定在水龍頭旁的小籃子裡則放著洗碗精，以及還滴著水的菜瓜布。往右一看，大型瀝水籃占據了流理台一半以上的空間，裡頭還晾著宛如剛開過家庭派對一樣的大量餐具。H太太苦笑地說：「這個瀝水籃已經變成我們家收納碗盤的固定位置了。」

此外，洗碗時飛濺的水滴乾掉之後，又壓上新的水漬，讓整個水槽布滿白斑。

接著檢查瓦斯爐。無法放進收納櫃的平底鍋就直接擺在爐子上，旁邊還有一個放滿各種辛香料的鋼製置物架，前方則擺著醬油、料理酒等瓶裝調味料。立在瓦斯爐後方的銀色防油板整個濺滿油污，根本到了無法使用的地步。

「我家廚房的『生活氣息』太重、雜物太多了，我很煩惱……該怎麼做才能整理得清爽一點呢？」

仔細詢問之後，我發現H太太光是準備一天三餐就消耗掉所有的精力，用完的餐具和調理器具也懶得歸回原位，站在廚房裡就覺得十分心煩。

我並不認爲廚房一定要整理得很簡潔，也不覺得充滿生活氣息的廚房有什麼不好。就像有些美味的拉麵店，雖然店裡的裝潢不見得多整潔，但老闆每天都笑咪咪地煮著拉麵。也就是說，**只要做飯的人認爲家裡的廚房是一個可以開心做菜的空間，就是最好的狀態**。

話說回來，什麼樣的廚房才是可以讓人開心做菜的廚房？

每次我問客戶這個問題，得到的答案通常如下：「隨時保持得亮晶晶……」「可以立刻拿出要用的東西。」「可以讓我在裡頭穿著令我心動的圍裙，使用自己喜歡的鍋具或料理器具做菜。」

第三個答案只要添購「令人心動的圍裙和自己喜歡的鍋具」就能解決，暫且不予理會。至於剩下的兩個答案中，「隨時保持得亮晶晶」必須透過打掃才能做到，而非整理。因此，**整理能夠解決的問題，就只有「可以立刻拿出要用的東西」**。

不過，這觀念本身就是一個嚴重的錯誤。

我也有過一段時期，在整理廚房時極度追求方便性，強調「容易拿取」的重要。看完雜誌上的廚房收納特集之後，我立刻在牆壁釘上掛鉤，將調理器具垂掛在牆上，或者模擬做菜時的動作，計算手臂長度，以調整調味料擺放的位置。這麼做的結果，就是幾乎所有東西都擺在收納櫃外面。

「想用什麼立刻就能拿出來」確實相當方便，但如此一來，熱油與水滴就會噴濺到放在外面的物品上，反而讓廚房看起來髒髒的，一點都不讓人心動。

廚房收納要以「容易清理」爲前提

話說回來，爲什麼大多數人都很講究「容易拿取」？我發現他們都是因爲聯想到在餐廳或咖啡館廚房裡工作的主廚做菜的模樣，才會有這樣的憧憬。

爲了一探「東西容易拿取」的廚房奧祕，我特別拜託某家餐廳的工作人員，在午餐時段結束後、晚餐時段開始前的休息時間，讓我進入他們的廚房參觀。於是，我穿上圍裙、戴上頭巾，手裡拿著相機與記事本，準備仔細觀察。

進入餐廳的廚房參觀時，原本懷抱著很大的期待，想要一窺專業廚師的祕密絕招，沒想到結果讓我大失所望。

餐廳廚房的整個調理台都是用不鏽鋼製成的，調理碗、餐具、鍋具、勺子等基本廚房用具全都分門別類、確實收納。除此之外，完全看不到原本滿心期待的收納祕招。仔細一想就會發現，各類型的餐廳，例如義大利餐廳或日本料理餐廳，大致上會用到的調味料或調理器具都差不多，而且東西的數量不會愈來愈多。再加上商業用廚房通常都會有許多高達天花板的開放式收納櫃，甚至整面牆都是收納櫃，在結構及使用目的上與家用廚房截然不同。

「哎呀，完全沒有參考價值！」

我沮喪地蹲在調理台前面。這時，可能是晚餐時段要到了，廚師們陸續回到廚房裡，我趕緊走到廚房角落，避免打擾到他們。我在角落裡不經意地看著他們做菜的模樣，結果，我竟然發現一件很重要的事。

專業廚師做菜時動作眞的很俐落，但他們的「俐落」並不是表現在拿取調理器具上，而是反映在擦拭調理台與流理台的水漬上面。

他們每次使用完調理台與流理台之後，一定會拿抹布迅速擦過，才會進行下一個動作，例如以長柄刷迅速將油抹在平底鍋上。等到一整天的工作結束之後，他們一定會將所有的流理台、水槽、瓦斯爐與周邊區域的牆面擦拭乾淨才會下班。**於是，我忍不住請教主廚關於廚房整理的奧義，他只回我一句話：「廚房整理的重點就是清理水漬與油垢。」**

後來我也陸續參觀過幾間餐廳廚房，結果都一樣。**廚房好不好用，重點不在於收納，而是清理的容易度。**

自從發現這一點之後，我暫時不去管東西好不好拿，而是努力地將所有清潔劑與調味料收進收納櫃裡。

假如你擔心這麼做會讓櫃子裡堆滿物品，需要的時候很難把東西拿出來，那麼大可放心。

我的客戶在整理過後，廚房「乍看之下」十分整潔，完全沒有多餘物品，但打開收納櫃，就會看見裡面擺滿了東西。每次要拿下方的平底鍋出來時，都必須先把堆在上面的平底鍋移開。不過每次我問客戶「這樣會不會很麻煩」，她們都回答我：「妳沒問我還沒發現，我一點都不覺得麻煩耶。」

而且她們還笑著對我說：「我不但不覺得麻煩，現在每次用完廚房就會擦拭瓦斯爐，眞是不敢相信自己有這麼勤快。與其說廚房變得好清理了，不如說是我變得更想清理，以維持廚房乾淨整潔的模樣。」

不可思議的是，每當客戶站在變得容易清理、隨時都保持亮晶晶的廚房裡時，完全不覺得從收納櫃中拿出調理器具或需要用的東西會很麻煩，感覺相當輕鬆。

從她們的經驗可知，讓人開心做菜的廚房，首要條件就是要好清理。爲了做到這一點，基本上水槽與瓦斯爐周邊都不能堆放物品。在這個前提之下思考廚房收納，就能打造出令人驚喜的實用廚房。

話說回來，如果家中廚房的調理台較寬，亦可將物品放在水滴與熱油不會噴濺到的區域。

有些讀者可能會認爲「只有一個人生活的單身貴族才有可能不在廚房裡堆放物品」，不過我的客戶有一半都是有小孩的家庭主婦，而且她們在整理之前都說：「我們家絕對不可能不在廚房裡堆東西。」

看到她們的例子，你還在擔心什麼？只要有心，任何人都做得到。

各位可能不相信，我在上整理課時都會教客戶「廚房清潔劑和菜瓜布不要放在水

槽周邊」，而是要收在水槽下方或水槽下的收納櫃門片內側。有些人或許覺得這樣很麻煩，但實際做了之後，客戶再也不將清潔劑和菜瓜布放在水槽周邊了。

此外，由於大多數人都不會對廚房垃圾桶有心動的感覺，因此最好將廚房垃圾桶收起來。

整理過後如果還有收納空間，請務必將垃圾桶收在水槽下方。將垃圾桶放進收納櫃的技巧不只適用於單身生活者，與家人同住的讀者不妨也嘗試看看。

最後要處理的，就是放在水槽裡、可過濾廚餘的濾水籃。

坦白說，自從搬出來一個人住之後，我從來不在水槽裡擺放濾水籃。沒有濾水籃，自然不會製造廚餘。話雖如此，並不是每個人都住在有專人管理、二十四小時都可以丟垃圾的公寓大廈裡，一般人只能在垃圾車來的固定時間丟廚餘，實在有些不方便。

話說回來，廚餘究竟該如何處理？我的建議是：冰在冰箱的冷凍庫裡。在冷凍庫一角劃出一個暫放廚餘的區域，將瀝乾水分的雞骨和果皮等集中在此處，等到垃圾車來的時候再拿出去丟就可以了。以前我媽媽在殺完魚之後，爲了避免魚的內臟發臭，都會將魚內臟擺進冷凍庫裡。我就是從媽媽的做法想到這個解決之道。

一聽到要將廚餘與食物一起放進冷凍庫裡，很多人可能會打退堂鼓，但這些廚餘都是在腐敗之前就被冷凍起來，跟其他食物事實上沒有兩樣。此外，若是覺得廚餘放在塑膠袋裡不太美觀，不妨使用褐色紙袋，或者以塑膠收納盒徹底區隔開來。

先從廚房開始整理，一定會失敗

「無論如何，請先教我廚房的收納方法。」

你是不是也曾這樣想過？或許現在就有讀者將手放在胸口，心裡大喊：「我就是這樣！」

老實說，每次遇到想要好好整理廚房的客戶，我都發現她們其實完全不會整理自己的衣服。

當然，你也可以在整理衣服的同時，每次用完廚房就丟掉不用的物品，或是一邊整理抽屜裡的餐具。不過，**整理節慶的眞正意義，就是只留下讓自己心動的物品，之後再一口氣完成廚房整體的收納作業。若是不這麼做，大多數人都會失敗**。

失敗的原因有兩個，首先就是心動判斷力的問題。在還沒培養出判斷心動程度的能力之前就直接整理小東西，一定會遇到無可挽回的悲劇。由於廚房雜物的種類繁多，一口氣整理需要花費許多時間，很多人就在整理的過程中遇到瓶頸，不知如何是好。如果在判斷東西該丟或該留的階段產生疑問，你就會永遠整理不完，一回神才發現已經半夜兩點了……看著眼前餐具、鍋具與調味料雜亂無章的景象，會感到無所適從，也是很正常的。

按照衣服、書籍、文件等順序整理，確實提升自己判斷心動程度的能力之後，再開始整理廚房雜物，這樣才能完成整理目標。

你或許會懷疑：「會有人對湯勺和飯瓢心動嗎？」只要按照順序整理，在日常生活中好好珍惜留下來的東西，即使是一般認爲的實用性物品，也會讓人感到心動。

另一個原因則是按照順序整理，才能避免添購多餘的收納商品。

廚房需要用到各種大小不一的器具，是單位面積用到的收納商品數量最多的場所。儘管如此，依照我過去指導客戶的經驗，幾乎所有人在開始整理廚房之前，都會清出許多沒用到的隔層盒、抽屜式收納箱及收納架，完全不需要購買新的收納商品。

原本收納文具的透明收納盒及棉被壁櫥裡的不鏽鋼層架，最適合放在水槽下方收納物品。「哇！這個收納盒根本就是爲了放在這裡才存在的啊！」——**將現有的東西運用在其他場所的收納上，這種幸運的巧合是實踐麻理惠整理魔法才能享受到的快樂**。在享受到這種快樂之前就添購新的收納商品，眞是太可惜了。

話說回來，假如你剛搬出來住，或者家裡完全沒有收納商品和家具，還是必須依照需求添購。此外，有些客戶會在完成廚房的收納作業之後，改用更令自己心動的收納商品。

調味料千萬不要放在水槽下方

接下來要討論廚房的整理方法。

我要先說明一點，要整理的不是「廚房」，而是「廚房雜物」。「不按場所類別整理，而是按物品類別整理」，正是麻理惠整理魔法的重點之一。換句話說，在整理廚房雜物之前，一定要先整理完衣服、書籍和文件。而誠如前一節提到的，先將廚房雜物以外的小東西整理好，是最理想的狀態。

老實說，整理廚房一點都不難。只不過，廚房雜物是所有小東西中類別最多的項目，因此，先整理完家裡其他的小東西，讓周邊區域變得清爽整潔之後，就能專心地、好好地完成廚房的整理作業。

具體的整理順序跟其他小東西一樣，先將同一類物品集中在一處，然後開始判斷，只留下讓你心動的東西。

廚房雜物可分成三大類，包括「用餐器具」「調理器具」和「食物」。

基本上，一個人住的讀者只要一一選出令自己心動的用餐器具（碗盤刀叉等）、調理器具（鍋具等）和食物（食材與調味料），再一口氣收納即可。若是全家人住在一起，如果物品數量太多或家裡有餐具櫃，請先完成用餐器具的挑選工作，並將留下來的物品收進餐具櫃裡。接著再選出心動的調理器具和食物，收在剩下的空間裡。將廚房雜物分成「食用」與「調理」兩大類收納，也是很好的方法。

此處的重點同樣是「先完成『丟掉』這個動作」。將所有的用餐器具、調理器具和食物從原本的收納櫃裡拿出來放在地上——請注意，這裡所說的「食物」主要是調味料、烹調時使用的乾燥食品和罐頭，不包含冰箱裡的食材。

將所有物品挑過一遍之後，廚房裡的收納空間應該都處於清空的狀態，此時請將

廚房收納
收納盒請將蓋子與盒身
分開，層疊收納
壽喜燒的鍋子等
收納盒
餐具
保鮮膜
等用品
將刀叉
類餐具和
筷架等
小東西收
在抽屜裡
收納
調理
器具
請將垃圾袋和
塑膠袋折小，
然後收納在
紙盒裡
水槽下方
瓦斯爐下方
利用紙盒
的蓋子劃
分出清潔
劑收納區
調理器具
調味料與各式食品

同一類物品放在一起。

說到廚房收納，很多人只會注意到抽屜裡的收納技巧，但一開始請務必從廚房的整體空間來思考。

廚房常見的收納場所大致分成三處：水槽下方、瓦斯爐下方及其他地方。其他地方包括安裝在廚房牆面上的收納櫃、抽屜，以及另外添購的餐具櫃等。最大的差別在於，後者是指由櫃子與抽屜組成的「收納場所」，前者（水槽與瓦斯爐下方）則是一個完整「空間」。

收納的最大原則，就是要從裝潢時原本就做好的大型收納空間開始運用。因此，一開始請先考慮水槽與瓦斯爐下方的收納空間。

容我進一步強調，只要做好按物品分類這件事，接下來依自己的需求把東西收在適當的地方即可。比較講究的讀者，不妨聽聽我的想法。

就結論而言，水槽下方要收納湯鍋和平底鍋等調理器具，瓦斯爐下方則收納調味料與各式食品。

許多人一定心想：「調理器具不是應該放在瓦斯爐下方，這樣要做菜時就能立刻拿出來用啦……」其實正好相反。

姑且不論外面的餐廳是怎麼做的，一般人在家裡做菜不會要求幾秒內一定要拿出平底鍋或湯鍋。話說回來，在烹調的過程中，只有在需要加鹽或味醂等調味料時才會讓人手忙腳亂。「嗯……可是我覺得既然水槽和瓦斯爐下方都屬於廚房調理台下方的空間，放什麼東西都沒差……」其實我以前也有過這樣的想法，不過，水槽下方與瓦斯爐下方是截然不同的兩個世界。水槽是用水的地方，因此水槽下方會充滿滋潤的水氣；相反的，瓦斯爐是用火的地方，所以瓦斯爐下方會洋溢著火氣與油氣交融的燥熱氣氛。

我在上整理課的時候，只要客戶家中有棉被壁櫥或櫥櫃等收納場所，清空之後，有時我會整個人走進去（或把頭伸進去），然後深吸一口氣，仔細確認裡面的氣氛。我發現，水槽下方確實比瓦斯爐下方潮濕，所以怕潮濕的乾燥食品，以及鹽、砂糖等調味料，不適合收納在此處。

關於這一點，後來我在學習陰陽五行時，曾發現與我的想法相契合的論述，當時感到相當吃驚。在陰陽五行的觀念裡，廚房的水槽下方屬「水」，瓦斯爐下方則屬「火」，兩者天生的屬性不同。

根據我個人的經驗，每個家庭的廚房都充滿強烈的水潤感，與瓦斯爐下方的燥熱氣氛完全不一樣。

我認爲就算最後受限於收納空間，不得不將調理器具擺在瓦斯爐下方也不礙事，**只要避免將怕潮濕的調味料與乾燥食品等收在水槽下方的空間就可以了。**

水槽下方和瓦斯爐下方等「空間」的收納重點，在於如何運用垂直高度。最近許多房子在裝潢時就會安裝附滾輪的不鏽鋼收納架，如果家裡沒有木作櫃子，不妨充分運用在整理節慶時多出來的收納用品。喜歡使用市售收納商品的讀者，也可以添購適合的產品。

假如東西比較多，與其把使用頻率劃分得太細（例如把物品分類爲每天使用、三天用一次、一週用一次、一個月用一次等），大致分成使用頻率高或低兩類就好，比較不容易混淆。砂鍋與壽喜燒鍋子這類使用頻率較低的鍋具，就一定要收在上方的櫃子裡。

讓抽屜裡的餐具重見天日，大方使用

我們家總共有五口人，餐具櫃裡總是擺滿餐具。不只流理台上方的木作櫃與冰箱旁邊的收納櫃，就連走廊邊的儲藏室裡，餐具也占據了一半的空間。

還在念書的時候，我曾經絞盡腦汁，努力提升餐具的收納效率。爲了避免打擾到媽媽煮飯，我甚至曾在凌晨四點潛入廚房，穿著睡衣、把腳踩在水槽邊上，查看櫃子的狀況，然後重新排列組合裡面的餐具。可惜成效不彰。

既然如此，把餐具跟其他小東西一樣直立收納，會不會比較好？我的確嘗試過可以將餐具立起來的收納商品，結果同樣以失敗告終。直立收納餐具的商品很占空間，反而放不下所有餐具。話說回來，全家人共同生活時不太可能一次只拿一個盤子，往往是一次拿取好幾個疊在一起的盤子，因此採取堆疊收納的方式較能提升使用效率。

如此一來，問題是否出在餐具的數量上？於是，我再度從基本面重新審視餐具，結果發現了一大堆不對勁的地方。

家裡的餐具明明多到跟餐廳有得比，但每次使用的都是同一批。再者，**雖說是日常使用的餐具，爲什麼全都是參加活動集點換來的贈品？親友贈送的許多高級日式餐具與茶杯組卻原封不動地裝在盒子裡，小心謹愼地收藏起來。**

於是，我立刻對媽媽說：「我想要拿這個出來用！」不然就是問她：「不用的話就全丟了吧？」沒想到，媽媽總是以「這是要給客人用的」「這得等到有喜事的時候才能用」等理由搪塞我，明明過去一整年從來沒有客人造訪……

到頭來，半倉庫化的餐具櫃依舊沒有獲得改善，最後我只好放棄，怨嘆著：「爲什麼我家會這樣……」

等到開始從事這份工作之後，我很快就發現：「不是只有我家這樣，原來大多數的家庭都有這個問題。」

站在客戶的立場，不徹底的整理反而會造成反效果，因此絕對要徹底丟掉無法讓自己心動的餐具。**將一直以來使用的贈品餐具拿去跳蚤市場賣掉，取出過去珍藏在抽屜裡的餐具，大方地在日常生活中使用**。有些客戶剛開始會擔心：「每天用這麼好的餐具，好怕會摔破喔！」不過，用了之後立刻就能體會每天使用讓自己怦然心動的餐具有多愉快。各位不妨也試試，然後你會發現，每天使用高級餐具，其實並不會那麼容易摔破。

而且，**與其把別人送的餐具束之高閣，每天使用它們絕對會讓贈禮者感到很開心。**

還在因爲「每天使用高級餐具不太妥當」而猶豫的讀者，現在就將盒子裡的餐具全部拿出來吧！

若是重要節日使用的多層漆盒，或是吃蕎麥麵時用的竹籠，這類用途明確或每年一定會用到一次的餐具，放在盒子裡也沒關係。但如果是日常使用的餐具，收在盒子裡就會一輩子派不上用場，而且禮盒裡面通常會塞滿廢紙或隔層用的厚紙板等雜物，浪費收納空間。此外，放在盒子裡的餐具組，其中很可能摻雜著無法讓自己心動的物品。根據我的經驗，將餐具從盒子裡拿出來放在櫃子裡，不僅可以騰出更多空間，還能瞬間打造出整潔清爽的餐具櫃。

順帶一提，**餐具的空盒其實是相當好用的收納用品**，尤其是飯碗或玻璃杯組的禮盒，做工都相當扎實，設計也很美觀，而且各種絕妙的尺寸都有，一般收納商品裡還不一定找得到。

餐具空盒可以拿來放調味料、當抽屜使用，也可以用來區隔乾燥食品，或是直立收納還沒煮的乾燥蕎麥麵與烏龍麵。除了收納廚房用品之外，還能替換掉「美感差強人意」、暫時存放藥品類與電線類的隔層盒，或是放在衣櫥裡，用來收納手套或每天隨身攜帶的物品等小東西，屬於用途相當廣泛的收納用品。

「把那麼高級的餐具從盒子裡拿出來，眞是太浪費了。」——說這句話才是眞正的浪費。現在就下定決心，看是要好好使用，或者丟掉它。

選出讓自己心動的餐具之後，接下來就要進行收納作業。

充分運用空間的收納祕訣就是「減少物品體積，利用垂直空間」。可以折疊的東西就要折疊，拆下外包裝，並丟掉多餘的塡充物，就能減少物品體積。不過，像餐具這類堅硬又占空間的物品，不可能利用物理方式減少體積，因此只能善用垂直空間。

利用垂直空間收納餐具的方法有二：一般的堆疊收納，以及增加層板數量。如果是層板高度平均的餐具櫃，將形狀相近的餐具往上堆疊收納即可；假如層板上方還有多餘空間，就可以增加層板，亦可使用適合的收納商品，例如有腳架的簡單層架或不鏽鋼雙層收納架。不過，在忙著添購之前，請先在安全範圍內將餐具堆疊收納，再視狀況決定所需要的收納商品。

我之所以如此建議，是因爲有些人在做完心動判斷作業後，對於要先移開堆疊於上方的餐具，才能拿出收在下方的餐具也不覺得麻煩，因此並不需要購買額外的收納商品。

總而言之，每天使用令自己心動的餐具，將高級餐具從盒子裡拿出來，堆疊收納在餐具櫃裡——實踐以上三個步驟，就能從今天起打造出令人怦然心動的用餐時光。

筷匙刀叉類餐具是廚房雜物裡的VIP

很多人都會問我該如何收納碗盤，卻幾乎沒有人對筷子、刀叉等餐具的收納感興趣。事實上，很少人知道筷子、湯匙與刀叉才是廚房雜物裡的VIP。

筷匙刀叉類餐具的收納方式有兩種，第一種是直立放入圓筒中，第二種則是平放在收納盒裡。

如果廚房裡完全沒有抽屜可以收納，而且以節省空間爲優先考量時，「直立收納」就是最好的選擇。最常見的做法是將筷子、湯匙與刀叉隨意放入多出來的玻璃杯裡，再收進餐具櫃或水槽下方。

經過徹底挑選、留下心動物品之後，假如廚房騰出了足夠的收納空間，就要**先保留適合收納「筷匙刀叉類ＶＩＰ餐具」的場所**。

除了食物與牙刷之外，筷匙刀叉類餐具是唯一會進入我們口中的物品，因此必須細心呵護。而且這類餐具的工作時間比牙刷還長，工作時不只要將食物送進人類嘴裡，還要不斷來回奔波於碗盤與嘴巴之間，搞得暈頭轉向。再加上外觀細長纖瘦，所以一定要盡可能讓它們在休息時可以好好放鬆，徹底消除疲勞。

最理想的收納方式，是將筷子、湯匙、刀子與叉子分門別類，平放收納在餐具盒或長度適中的收納盒裡。最好選擇竹籐等天然材質製成的餐具盒，收納時還要保留寬裕的空間，不可太過擁擠，這樣做會比雜亂堆疊於塑膠盒裡更能讓餐具感到愉悅。

如果收納空間不足，最多只放得下兩個餐具盒，至少要讓刀子自成一類，跟筷子和湯匙分開收納。我總覺得，筷子與鋒利的餐刀放在一起會被砍得很慘，然後湯匙看到筷子的慘狀，會嚇到臉色發青、全身發冷，並且坐立難安。此外，叉子與餐刀是最佳拍檔，只有它了解餐刀的優點。

獨自居住的單身者，筷匙刀叉類餐具的數量較少，不妨在收納盒裡鋪上材質輕薄的布巾或手巾，將不同的餐具區隔開來。

順帶一提，除了錢包這類重要性顯而易見的物品之外，我個人提倡的「超級VIP待遇」判斷基準就是：看該物品離自己的身體有多近。**像是內衣褲與筷子這類會直接接觸身體重要部位的東西，就要給予「頂級」待遇。**

我有許多開始以VIP待遇收納筷匙刀叉類餐具的客戶，後來都想要添購筷架之類在用餐時擱放餐具的架子。不久之後，又開始尋找好看的餐墊和杯墊，爲餐桌增添愈來愈多心動元素。一想到這裡，你是不是也蠢蠢欲動了呢？

廚房剪刀應避免吊掛收納

湯勺、刮刀與鍋鏟等調理器具十分堅固，它們的作用就是在人類炒菜、舀熱湯時，義無反顧地投入食物與調理器具火花四射的戰爭之中。相較於筷匙刀叉和碗盤等餐具組成的最佳拍擋，這類調理器具基本上每個家庭只有一個，可說是相當獨立且具有自我主張的用品。

有鑑於此，**收納調理器具時不必像對待筷匙刀叉類餐具那樣細心，基本方法只有**

兩種：直立收納與平放收納。雖然也可以掛在牆壁的掛鉤上，但廚房剪刀這類眞正的刀具如果放在眼睛所及之處，會讓人下意識地感到恐懼，深怕自己的臉會被割到，所以一定要避免吊掛收納。此外，吊掛收納的條件之一就是要選擇不會被熱油噴濺到的地方，所以我的客戶之中目前沒有一個人以吊掛的方式收納調理器具。

採取直立收納時，爲避免傾倒，請務必選用專用收納罐，或是放在水瓶等有深度且厚實穩固的容器裡，收納在水槽下方。

最常見的就是抽屜收納。由於調理器具不像筷匙刀叉類餐具需要細心收納，因此通常都是直接放入抽屜就行了（可在抽屜底部墊上大盒子的盒蓋）。不過，開罐器和量匙等尺寸較小的物品一定要確實區隔收納。

最近許多系統廚具都會在抽屜裡事先做好塑膠隔層，有時我也會在客戶家中看到這樣的廚具。可能的話，請拆掉這些隔層。事先做好隔層確實很貼心，但往往不是使用的材質太厚，就是正中間有個莫名其妙的三角形區塊，浪費太多空間。

有些長住型飯店的廚房由於擺放的器具較少，爲了避免抽屜裡的東西滑動、碰撞，因此需要隔層來固定收納。但對於一公分的空間都要斤斤計較的家庭廚房而言，這樣的隔層設計不太實用。

如果是租屋居住，拆下來的塑膠隔層不能丟掉，此時可將之存放在櫃子最上面的空隙，或是水槽下方的水管後面等一般收納時運用不到的死角。

烘焙用具和便當用品的收納法

念小學的時候，我還沒感受到整理的魔力，那時的我很喜歡製作甜點，有一段時期每天都會做瑪德蓮貝殼蛋糕或紅蘿蔔蛋糕。現在，我只要一看到心型或動物造型等各式餅乾或蛋糕模型，就會心動不已，明明沒有要做，卻忍不住想買。

不過，以上純屬在店裡看到烘焙用具的情形。在客戶家裡看到烘焙用具時，心動之前，我一定會先聽到物品呼救的吶喊聲。

最常見的狀況就是這些用具全都被以超市的塑膠袋包起來，袋口綁得緊緊的，塞在收納櫃裡。無須我多言，這樣的收納法完全錯誤。**把東西收在塑膠袋裡，會導致它呼吸困難、生命力變弱，而且收好後就會失去存在感。之後每次打開收納櫃時，看到窸窣作響的塑膠袋，就會下意識地移開目光，瞬間降低製作甜點的頻率。**

製作甜點與做菜不同，甜點是想做時才做的「興趣」。換句話說，烘焙用具與其說是調理器具，其實比較接近「興趣用的工具」。再說，喜歡做甜點的絕大多數是女性，既然是令人心動的物品，怎麼可以收在塑膠袋裡？

由於烘焙用具的使用頻率較低，若是為了防塵而必須收在袋子裡，千萬不要使用印著超市名稱、使用時窸窣作響的塑膠袋，一定要放在質地柔軟舒適的塑膠袋或布質袋子裡。

如果不收在袋子裡，蛋糕模型這類體積較大的用具可以像盤子一樣堆疊收納，直接放進收納櫃中，或者可以拿一個箱子專門收納「烘焙用具」，再連同箱子收進櫃子裡。

假如有令你心動的袋子可以用來收納，那就再好不過了。多出來的環保袋或留著備用的可愛空盒，此時都能派上用場。

另一方面，鋁杯、裝飾葉、裝飾片等各種便當用品，也是不可忽略的可愛小東西。每天做便當的人，不妨在抽屜一角開闢收納專區；如果只在特殊的日子做便當，相關器具使用頻率不高，也可以將所有東西收在盒子裡，再連同盒子放進收納櫃。

除了便當盒裡一定會放的用品之外，家中有幼童的人可能會有做便當時才會用到的器具，例如飯糰模型、在三明治上面壓出卡通圖案的壓模，或是將海苔切出星星形狀或愛心造型的切模等。這些器具也一定要統一收納，才方便使用。

數量龐大的「其他廚房雜物」收納妙招

「布質廚房雜物」包括「擦拭餐具或台面的抹布」及「餐墊等裝飾類布品」兩種。抹布只要採取布製品基本收納法，亦即折疊後直立收納即可。

裝飾類布品可依實際狀況折疊後捲起，或是直接堆疊收納。一個人住且廚房收納空間不夠的人，可在衣櫥的「布質雜物」專區裡開闢一角，收納廚房的裝飾類布品，將所有布製品集中收在一處。

體積較大的**「收納盒」**最好不要在蓋上盒蓋的狀況下堆疊收納，請將蓋子與盒身分開，以盒中盒的方式收納，就能省下許多空間。先將小型收納盒放在大型收納盒中，再連同盒蓋（直立收納）一起放進一個箱子裡，然後整個收進櫥櫃，需要時再整個箱子一起拿出來取用。

多出來的收納盒盒身可以放在廚房抽屜裡，當隔層使用。

最占空間的廚房雜物當屬**「單一功能的調理器具」**，例如壽喜鍋的鍋子、石鍋拌飯的石鍋、鬆餅機、章魚燒機、溫泉蛋煮蛋器、洋芋片機、攪拌機、果汁機、流水涼麵機、烤番薯機、蘋果削皮器、家用烘焙機、刨冰機、三明治機、胡桃鉗等。造訪客戶家裡的廚房，讓我見識到這個世界上原來有這麼多調理器具和家電。

除了果汁機可能每天早上都會用到之外，事實上，上述調理器具幾乎很少派上用場，就算拿取時比較麻煩也不要緊，請務必放在櫥櫃的最深處或上方。

另一個使用頻率低的代表用品，就是舉辦派對或戶外烤肉聚會時用的衛生筷、紙盤、紙杯、紙巾等**「拋棄式廚房雜物」**。這些東西通常是一起使用，最好全部收在一個箱子裡，將紙盤、衛生筷和紙巾直立收納，再整個塞入收納櫃就可以了。

有一次，某位單身的女性客戶豪邁地對我說：「我很討厭洗碗，所以每次吃飯都用紙杯和紙盤。」讓我不禁懷疑：「這樣眞的會心動嗎？」

若是基於這類原因忍不住想要使用紙盤，請務必將拋棄式廚房雜物全部收納在很難拿出來的櫃子上方深處，或是狠下心來全部丟掉！

「整理是為了讓你每天都心動而存在」，千萬不要忘記這一點。

塑膠袋不要打結，而是要折好後直立收在盒子裡

相信很多人都有蒐集超市塑膠袋的習慣，我之前曾經試過各種收納法。

我老家的做法是將所有塑膠袋放在一個大塑膠袋裡，再用洗衣夾掛在櫥櫃把手處。不過，這樣不僅看起來無法讓人心動，在原本就狹窄的廚房裡掛著一個鼓成圓形的塑膠袋，每次經過一定會卡到腰，而且還會發出沙沙的聲音，眞的很令人困擾。

其實，我造訪過許多客戶的家，發現很多人也都採用這個方法。假如可以把最外面的塑膠袋換成尼龍材質的環保袋，看起來就會截然不同。此外，**有一個現象也令我百思不解：爲什麼大家都要將塑膠袋打結收納呢？**

市面上有許多用來收納塑膠袋的商品，例如造型像睡袋一樣的布製收納商品，從上方放入塑膠袋，再從下方像抽面紙一樣地把袋子往外抽。這類商品也是不錯的選擇，不過我還是認爲太占空間。此外，抽取塑膠袋時如果用力過猛，可能會同時抽出兩個，看到毛毛蟲狀的塑膠袋掉在地上，總讓人覺得不舒服。話說回來，我一直無法

接受爲了收納裝垃圾用的塑膠袋，而特別添購收納商品的行爲。

我有一位客戶，她家裡也是用塑膠袋來收納塑膠袋。

她的理由是：「我們一家五口每天都會製造大量垃圾，所以需要用到許多塑膠袋。」但明眼人一看就知道，她蒐集的塑膠袋實在太多了。據說，他們家蒐集塑膠袋的習慣已經持續三十年以上，仔細瞧那一整袋塑膠袋，發現裡面塞得滿滿的，外面那個袋子的底部早就發黃變色了。此時，我的心中浮現一股不祥的預感，便將手伸進袋子裡，拿出壓在最下面的塑膠袋。

說時遲那時快，只見一股如柴魚粉般的灰飄散在空中。那些粉狀物當然不可能帶有柴魚粉的香氣，而且我也搞不清楚那些灰究竟是風化後的塑膠袋還是灰塵，散發出酸味的黃色粉末就這樣飄落在地上。

清點過後，發現客戶蒐集的塑膠袋總共有兩百四十一個。假設一天使用四個塑膠袋，兩個月都用不完。

蒐集塑膠袋最容易產生的問題，就是庫存過多和占空間。庫存過多起因於所有人都不知道自己蒐集了多少個塑膠袋，而之所以會占空間，則是因爲塑膠袋裡充滿了空氣。**一般人通常會將塑膠袋「打結」，弄成球狀，這是最糟糕的做法，因爲如此一**

來，不僅體積會變大，使用時還必須解開結，反而多一道程序，可說完全沒有任何好處。

我自己在收納塑膠袋時，會將塑膠袋折得很小，然後像衣服一樣直立收納在盒子裡。就是這麼簡單。折法不必太過講究，也無須打結，**重點是一定要收納在盒子般「硬挺的物體」裡**，而且只須使用面紙盒一半大小的盒子即可，通常這個尺寸可以收納二十個塑膠袋。請注意，收納盒的尺寸不要太大。一般鞋盒可以收納將近兩百個塑膠袋，很容易產生庫存過多的問題。若是使用鞋盒，請務必同時收納市售的垃圾袋。

容我再提醒一點，在廚房使用抽屜收納時，一定要像收納塑膠袋一樣，先思考如何減少體積。

以橡皮筋爲例，很多人都會連同外包裝一起收在抽屜裡，其實這樣很占空間，因爲包裝裡大概有一半以上都是空氣。如果經常會用到橡皮筋，不妨改用果醬罐等體積較小的容器來收納，不僅看起來更可愛，還能節省收納空間。

像這樣盡量減少收納的物品，清出更多空間，就能將所有擺在外面的東西全收進收納櫃裡。把水壺、電鍋甚至垃圾桶放入水槽下方，就能瞬間打造出清爽整潔的廚房空間！

認爲自己「絕對做不來」的人，不妨先以減少體積爲目標，改變收納方法。我有個客戶曾經試著將寶特瓶回收桶放在水槽下方，但由於體積太大放不進去，便改放鋁罐回收桶。經過不斷嘗試，才發現「不需要用這麼大的垃圾桶來回收鋁罐」，於是決定撤掉鋁罐回收桶，直接改用塑膠袋，並放在水槽下方。不久之後，廚房裡的收納空間愈來愈多，於是我的客戶又將放在地上的寶特瓶回收桶撤掉，改用塑膠袋回收，並放在回收鋁罐的塑膠袋旁。不知不覺間，原本放在廚房地上的東西全都不見了。一路走來，我看過無數次如此驚人的改變。

整理是節慶，而收納就是要輕鬆、愉快，並努力嘗試各種技巧，享受全力以赴的感覺。如此一來，你就能徹底完成整理作業。

多方嘗試可以立刻看到成果，並隨時修正，所以，收納是在整理節慶中最令人感到開心的遊戲。

廚房不一定要收拾得簡潔清爽

接下來，我要跟各位溝通一個很重要的觀念。一路閱讀下來的讀者，千萬不要因爲覺得「無法減少物品數量，就無法打造心動廚房」，而打退堂鼓。

雖然聽起來似乎前後矛盾，但我認爲廚房不一定要收拾得簡潔清爽。

每次在逛廚房用品的賣場時，我心中總是會湧現一股無可言喻的興奮感，因爲就連湯鍋和平底鍋這類基礎商品，最近也推出許多設計得很可愛的款式，還有多種顏色可以選擇。即使是廚藝乏善可陳的我，每次站在創意商品的陳列櫃前，看著酪梨切片器和可以輕鬆削牛蒡皮的橡膠手套，都會不知不覺忘了時間。

偷偷告訴各位，有時上整理課聽到客戶口沫橫飛地介紹好用的東西，像電視購物專家那樣熱情地展示商品特色，當天下課後，我就會忍不住跑去買。

然而，很多在賣場占據最顯眼的位置、銷量相當好的熱門商品，不久之後就成爲許多客戶家中清理出來的多餘物品。丟掉的理由大多是「很難用」「壞掉了」或「用膩了」。

這類以創意爲賣點的廚房用品就跟小孩子的玩具一樣，興致來的時候盡情把玩，會讓人覺得很開心。如果可以好好使用，當然再好不過，但不可否認的，這些東西通常很快就會失去新鮮感，接著就被束之高閣。當物品完成了自身使命，請務必感謝它們的付出，然後好好地丟掉。

話說回來，即使丟掉許多完成使命的東西，廚房看起來還是不夠簡潔清爽。別氣餒，這就是廚房這個空間的特性。

「我已經差不多完成廚房的整理作業了，但我覺得東西還是很多耶。」這是客戶經常向我抱怨的問題之一。

我認爲她們之所以會有這樣的煩惱，大概是因爲看到樣品屋及百貨公司賣場的擺設方式。這些地方的廚房通常整理得井然有序，每一樣東西都有自己的定位，讓她們心生嚮往。但仔細思考實際的收納空間與家中現有的物品，就會發現這樣的理想狀態很難達成。

總歸一句話，**廚房不一定要收拾得簡潔清爽，重要的是要確實掌握物品的收納場所。只要做到這一點，即使是堆滿東西的廚房，也會讓你感到驕傲。**

我希望各位都可以打造出自己專屬的心動廚房，從此每次站在廚房裡做菜，就會覺得很幸福。

第 5 章

整理人生，
讓它閃閃發光

十年來拒絕整理的人，只要兩天就能徹底完成整理作業

自從國中三年級體會到整理的眞正意義之後，不只自己的房間，我幾乎每天都會整理哥哥和妹妹的房間，以及廚房、客廳與盥洗室等家人共用的場所。由於我並不隱瞞這件事，因此每個人看到我都會說：「麻理惠老師的老家想必整理得相當整潔，一直都很乾淨吧！」慚愧的是，實際上並不是這麼一回事。即使在我出書之後，這樣的情況還是沒有太大的改變。

直到有一天，我收到了一封電子郵件，內容如下：

「麻理惠老師，我想上妳的整理課。」

如果是平時，我一定會以已經申請上課的客戶為優先，唯獨這一次，我趕緊取消休假，在原本預定的假日開課。兩天後，我造訪了那位客戶的家。

我之所以改變自己的原則，是因為那位提出上課要求的客戶，是我的父親。

爸爸現在使用的是我以前的房間，三坪大的空間裡只有一個簡單的衣櫥，以及一

個木作書櫃。雖然並不是特別寬敞，但我住的時候只擺了一張床和小小的書桌，地上完全不放任何東西。每天晚上就寢前，我一定會擦地板，還會定期打掃，小心使用。這個空間對我來說就像天堂一樣。

隔了好久再度踏進自己以前的房間，卻看到截然不同的光景。

一開門，就看到一個掛滿衣物的吊桿式掛衣架，衣櫥有一邊的門片完全打不開。放在地上的瓦楞紙箱裡存放著逃難用的緊急糧食，旁邊還有放置打掃用品庫存的雙層大型透明收納箱。雜誌就堆在木作書櫃前的地板上，可收看數位電視的新電視機更直接疊在舊的電視機上，打造出「將電視當成電視櫃使用」的嶄新居家裝潢風格。

各位讀者請不要誤會，我爸爸原本就很喜歡打掃，對於居家擺設也很講究，是一位個性認眞且愛乾淨的男士。**可惜他的缺點就是不擅長丟東西，還曾經對我媽媽說：「我的衣服要穿一輩子，絕對不丟。」**

過去十年裡，我一直勸爸爸丟東西，但他始終不接受。後來隨著工作愈來愈忙，根本無法兼顧日常的整理工作，讓他不得不正視房間目前的慘狀，因此才下定決心要徹底整理。

終於要開始上課了。我一如往常請爸爸將所有衣服全部拿出來放在地上，而他也如我所料地驚呼：「原來我有這麼多衣服啊……」接著，他開始一件一件地拿在手裡判斷，只留下讓自己心動的衣服。

吊牌還沒拆的上衣、原封不動的內褲、買來後就忘記自己買過的襯衫、大量相同款式的polo衫……

「這件讓我覺得很心動。」「謝謝你曾經讓我心動」。「沒能好好地穿你，眞抱歉。」——看著爸爸一臉困惑，卻仍然認眞地感受每一件衣服的模樣，我心裡的感覺眞是難以言喻。

前後花了兩天時間，按照正確順序完成了衣服、書籍、文件、小東西與紀念品的整理作業，總共丟了二十袋左右的垃圾。將私人物品挑過一輪之後，又繼續整理儲藏室、盥洗室及家人共用的其他公共空間。最後，我給了爸爸一些收納方面的建議，順利結束了這次的課程。

爸爸的房間在整理完畢後，簡直成了另一個世界。這才是令人心動的房間啊！除了床與電視之外，其他的東西都收進收納櫃裡，久違的木地板終於出現了。書櫃上整齊排列著爸爸最愛的書籍和CD，空出來的層板則以妹妹高中時期親手做的陶器，以及爸爸郵購買來的爵士樂七人樂隊人偶來裝飾。最後再掛上過去收藏的畫作，整個房間立刻亮了起來，感覺就像個樣品屋。

「我以前總是想，有一天一定要好好整理，或者下週一定要整理。如今下定決心整理之後，感覺真的很棒。原來只要有心，短短兩天就能煥然一新。」

聽到爸爸開心地自言自語，我發現，這是我長這麼大以來，對爸爸盡的最大的孝道。就算是十年來一直都很討厭整理的人，只要真心想做，也能迅速完成整理作業，體會到整理魔法帶來的戲劇性轉變。

不過，我爸爸的整理之路尚未結束。

麻理惠整理魔法所提倡的「正確整理順序」，最後一個要處理的就是「照片」。沒錯，我爸爸如今還沒整理的物品，只剩下充滿回憶的紀念照片。

與家人的合照，最好全家人一起整理

我要向各位坦承，我直到最近才完成照片的整理。

其實我手邊的照片及學生時期以後的照片，早就整理完畢了。不過，我小時候與家人的合照則一直放在老家，從來沒動過。

直到前陣子回老家傳授爸爸整理技巧，喚醒了爸爸心中的整理魂，他才打電話跟我說他整理出一大堆舊照片。

從置物櫃深處挖出來的照片總共有五大箱，究竟應該委託爸爸，由他做主整理，還是乾脆由我來整理比較好？

最後，我選擇**「全家人一起整理家族合照」**。

我在隔一週的週末趕回老家，將照片從瓦楞紙箱裡拿出來，堆放在地上，開啓整理節慶的最終章。

全家人一起回憶照片中的情景，嬉鬧著挑選令人心動的照片，這個過程可說是目前爲止最開心、最有趣的整理作業。於是我靈機一動，想到我可以利用這些照片，製作一本充滿回憶的相簿，送給我的父母。

自從幼稚園畢業以後，我從來沒有親手製作禮物送給父母。老實說，我也想利用這個機會進一步研究整理的奧義。

話說回來，雖然我們家每次遇到家人生日或聖誕節等重要節慶都會拍很多照片，卻從來沒有全家人圍著相簿，一邊欣賞照片，一邊回憶過去發生的事。不過，我有些客戶每次完成一本充滿回憶的相簿之後，都會興奮地拿給我看。換句話說，他們已經養成了快樂地「回憶過去」的習慣。

這究竟是天生個性上的差異，還是剛好以前都沒有「回憶過去」的經驗？製作一本充滿回憶的相簿，會如何影響父母後來的整理行爲？說穿了，我製作相簿的動機根本不是爲了盡孝道，而是出於整理變態與生俱來的怪異想法。

很巧的是，兩個星期後正好是我媽媽的生日。

於是我找了一天，與妹妹一起製作回憶相簿，重溫父母結婚後一路走來的生活軌跡。

第一步就從尋找讓我們怦然心動的相簿著手。我們挑了一本淡粉紅色爲底、上面點綴著金色圖案的高雅相簿，而且爲了讓父母可以隨時翻閱，相簿的尺寸大小適中，翻開後可擺放四張照片，整本相簿總共可以放一百張照片。

決定好相簿的容量之後，接下來就要挑選照片。我和妹妹分頭進行，在爲數眾多的照片中一張張篩選，選擇的標準是：必須把媽媽拍得很漂亮、與家人一起入鏡，而最重要的當然是「拿在手上會覺得怦然心動」。原本妹妹看到這麼多照片，不禁有些退卻，但就在我們默默地篩選了兩小時後，終於嚴選出一百張照片。

一過二十五歲就要整理紀念品，不要等到老了才做

話說回來，並不是選出那一百張傳統照片就大功告成，說到照片，近來最流行的就是……數位相機。自從我父母開始使用數位相機之後，拍照的熱情與日俱增，看到什麼就拍什麼，但除了旅行結束後會看一下之外，所有照片幾乎從未見過天日。

於是我和妹妹再次分頭檢查多達二十張的記憶卡，只留下拍得好的照片。

要注意的是，數位照片的整理重點與實體物品相同。你要選的不是「要丟的」，而是「要留下來的」。由於數位資料十分龐大，若從刪除「差強人意」的照片著手，永遠整理不完。

具體做法如下：請在電腦建立一個新的資料夾（我會將資料夾命名為「心動照片」），然後把選中的照片依序複製到資料夾裡。如果是同一天拍的照片，請進一步選擇，只留下一張即可。我和妹妹集中心力一口氣選完，前後大約花一小時，總共選出了三十張照片。

接著，我們把那些數位照片沖洗出來，加上先前的一百張，總共有一百三十張照

片。接下來才是重頭戲：我們將所有的照片依年代排列在地上。

由左至右依序排列從早期到近期的照片，同年代的照片排成直行，年代不明的則大略推估。

「從爸爸戴的眼鏡造型來看，應該是一九八〇年代吧？」

「我們全家去長崎玩，應該是我念小學的時候吧？」

我們就這樣一邊推測，一邊排完所有的照片，整個房間就像舉辦花牌❶大賽的會場一樣。

接著，綜觀所有照片與年代的比例，我們從照片數量較多的年代及風格相近的照片中再次篩選，最後留下一百張。

「九十八、九十九、一百！」重新清點照片，數到第一百張時，會讓人體驗到一股前所未有的成就感。接著就將所有照片一口氣依序放入相簿裡，貼上一些貼紙作裝飾，就大功告成了。完成的相簿看起來眞是相當精美呢！

其實整理到一半的時候，我早就忘了這次是以研究爲目的，只是一心想讓媽媽開心。

至於這次相簿實驗的成效，我個人覺得相當成功。過去從來不會回顧照片的爸爸和媽媽，從此之後只要遇到節慶等重要日子，就會將照片沖洗出來，不時拿出來翻看，愉快地回憶過往。

實驗成功之後，在教導客戶整理紀念品時，我也會建議對方製作一本回憶相簿，送給父母親。

遇到父母早逝的客戶，我則是會謹慎地建議對方製作一本父母親的回憶相簿，回顧自己一路走來的成長歷程。

「自從小學畢業之後，我還是第一次親手做東西，眞好玩！」

「我一直覺得跟父母很陌生、很疏遠，不過看著一張張照片，讓我充分感受到父母親很愛我、很努力地養育我。有生以來，我第一次打從心底感謝父母的栽培。」

雖然感想各有不同，但每個人最後一定會說：「早知道感覺這麼棒，我以前就會整理照片了。」就連二十多歲的年輕客戶也這麼說，我自己更是深刻體會到「早就該這麼做了」。

現在開始也不遲。

一過二十五歲就要盡早整理紀念品，不要等到老了才做。

整理過去的人生，才能讓你對未來的人生感到心動……

如何向寶貝的布偶娃娃說再見？

男性讀者可能對布偶娃娃沒興趣，但對女性而言，最具代表性的紀念品之一就是布偶娃娃。

不僅如此，布偶娃娃也是「丟不下手」的物品代表。

老實說，自從發現整理的重要性之後，念高中時我一度變身成「丟棄機器」，看到什麼就丟什麼。即使如此，我一看到布偶娃娃就舉白旗投降，完全丟不下手。

我小時候有一個很喜歡的布偶娃娃，那是一隻褐色的鬆獅犬，由於外型圓滾滾的，所以取名爲圓圓。它的大小與當時的我差不多，體長約八十公分，是一隻大型犬。

我的夢想就是要養一隻狗，所以我把圓圓當成眞正的寵物照顧。我在玻璃容器裡放了各種顏色的小沙包，當作圓圓的飼料；我會騎在圓圓身上，陪它一起玩，放學回家後，還會跟它分享當天在學校發生的事情。然而隨著我慢慢長大，我不再每天餵它吃飯、陪它玩耍。不久之後，我就把圓圓擺在電視櫃旁，幾乎不再碰它了。

就這樣過了快一年，有一段時間，我只要待在家裡就一定會流鼻水。雖然現在即使待在灰塵滿天飛的整理現場，我也完全不受影響，不過當時我罹患了過敏性鼻炎，只要待在有動物毛的空間裡，我的鼻子就會立刻發癢。

但是，當時我家的寵物是養在水族箱裡的泥鰍，沒有毛啊……就在我百思不得其解之際，媽媽突然說了一句：「該不會是圓圓吧？」

於是我看了一下圓圓，發現它全身上下都是灰塵，而且受到身體重量壓迫，導致前腳呈八字形，下巴也靠在地上，整個形狀都變了樣。現在的圓圓簡直就是灰塵集散地。

我父母看到圓圓的狀態，不得不對我說：「反正妳還有別的布偶娃娃，圓圓現在變成這樣，只能丟掉了。」但我抵死不從。我拿出吸塵器來吸圓圓的身體，還把它拿到室外晒太陽。然而做了這麼多，依舊無法改善流鼻水的症狀，最後只好流著眼淚向圓圓告別。

我將圓圓放進半透明的垃圾袋裡，和爸爸一起雙手合十對它說：「謝謝你過去的陪伴。」然後把它拿到垃圾收集場丟掉。雖然整個過程的時間很短，但那是我第一次對丟東西這件事感到如此難過與不捨。

直到現在，我有時還是會想：「當初應該將圓圓放進紙袋裡丟掉的。」每次丟東西前，我一定會先向每樣東西說聲「謝謝」才丟掉，但是**面對布偶娃娃這類「有生命的物品」，我會抱持著供養的心情，盡可能以最尊敬、最謹慎的方式丟棄。**

言歸正傳，爲什麼人對於布偶娃娃和人偶就是丟不下手？我認爲原因就在於這些物品看起來像是活的。那麼，人爲何會認爲這些物品有生命？關鍵就在於它們有眼睛。眼睛，也就是眼神，會讓死板的物品瞬間湧現生命感。

我不斷聽到客戶向我訴苦：「我曾經將布偶娃娃丟進垃圾袋裡，可是從透明的袋身看到它們的眼睛，就覺得它們好像在跟我說話。最後我忍不住心軟，就把娃娃拿了出來。」其實我很理解她們的心情，因爲直到現在，我也同樣無法忘記圓圓透過垃圾袋看著我的眼神。

眼神蘊含能量。

因此，如果想要丟棄布偶娃娃或人偶，請務必遮住它們的眼睛。

只要遮住眼睛，這些布偶娃娃和人偶就會變回沒有生命的物品，讓人容易丟棄。

話說回來，假如只是單純地遮住布偶的雙眼，感覺真的很恐怖，所以不妨以布料或和紙蓋住它們的頭部，就能自然地遮住眼睛。有一次上課時，客戶想要丟掉一隻穿著T恤的貓布偶，便將T恤往上翻起，遮住貓咪的臉。雖然看起來有點好笑，但也讓她得以帶著祝福，向貓咪告別。

丟棄布偶娃娃和人偶時，請先將之放入紙袋，再丟進垃圾袋裡。如果這樣還是讓你覺得不舒服，不妨帶著淨化的心情，灑點粗鹽在裡面。

總之，面對丟不下手的物品一定要比平常更細心處理，以供養的心情丟棄，就能減輕內心的罪惡感。

我曾經聽說，日本的寺廟在替人供養人偶時，每天都會幫人偶擦臉，隨時保持臉部清潔，遇到頭髮會生長的人偶，還要每天幫它綁頭髮。因此，我建議的做法並沒有錯。

另一個會有眼神問題的物品就是照片。丟棄兩張以上的照片時，請將照片的正面疊在內側，再放入紙袋或較大的信封裡，避免露出人臉，然後丟棄。如果丟的是前男友或前女友的照片，不妨灑上一把鹽，確實斬斷舊戀情。

「紙袋＋淨化鹽」的丟棄法除了可用在布偶娃娃和照片上，丟棄飾品或過世家人的遺物這類「帶有靈魂的物品」時，也可以充分運用。

在此岔題一下。我有個客戶在處理舊情人的紀念品時，將他送的飾品和布偶娃娃全部放入袋子裡，再以驚人的氣勢灑上一把鹽，那種感覺就像在大喊：「惡靈退散！」

接著，她一邊對我說：「自從那一天之後，我第一次感到這麼暢快。我終於可以往前走了。」一邊將袋口綁緊，並露出與之前截然不同的祥和表情，對著袋子雙手合十，說了聲：「謝謝你過去的陪伴。」

雖然我不敢問「那一天」到底發生了什麼事，但出現在她身上的變化，讓我深刻體會到鹽巴的淨化效果。

整理魔法會讓你在過程中喜歡上自己

曾經有一段時期，我的人生中只有工作。

感謝客戶的抬愛，我的工作邀約接二連三，即使一天排兩堂課，也來不及消化整理課的報名申請件數。有時一天還排到三堂課，從早上七點到十二點、下午一點到五點、晚上六點到十一點，一天前往三位客戶的家裡上課，回家後還得寫稿。我雖然很喜歡工作，但我曾經忙到兩天沒吃飯。枉費我住在東京鬧區，卻過著置身撒哈拉沙漠般的生活。

再這樣下去，我就會因爲整理過頭而生病住院。當時的工作量已經大到我一個人無法負荷的程度了……

當我在思考該如何解決時，有一天傍晚上完課，我正打算準備明天的演講內容，此時，我收到了一封電子郵件。

「麻理惠老師，請收我爲徒！」

眞是太巧了！

事實上，我前一天才從過去的「畢業生」中挑出幾個人列成清單，寫在我的記事本裡，打算詢問她們是否願意來幫我。我寫下的第一個名字，就是那位寄信給我的眞由美小姐。

眞由美小姐大約是半年前上過我的課。說來眞是不好意思，第一次見到她時，我覺得她的「行爲有點奇怪」。

她告訴我：「在行事曆的『本月待辦事項』欄位中，我每個月都會寫下『整理』這件事，家裡卻從來沒有乾淨過……我好像一年到頭都在整理。」

眞由美小姐說話的時候看起來總是畏畏縮縮的，而且聲音愈來愈小，感覺很沒有自信。她從小就喜歡畫畫，可惜的是，雖然擁有美術專門學校的學歷，找工作時卻放棄與設計有關的工作。她宣稱「因爲喜歡生活雜貨」，而決定到生活用品店工作，結果擔任了一段時間的店長之後，卻發現自己並不想當店長，因而辭職。後來在朋友的介紹下，進入某家公司擔任兼職的業務員，直到現在。

「無論做什麼，我都覺得自己很沒用。就連自己決定的事情也做不好，我眞的很懷疑我有沒有辦法整理……

「我從沒想過要一直待在現在的公司，也不知道自己想做什麼……總之，我覺得好煩喔！」

這就是我剛認識眞由美小姐時的狀況。沒想到，上第二堂課的時候，她已經開始有所轉變。

「老師好！」門一打開，就看見她身穿裝飾著蝴蝶結的胭脂紅洋裝，外搭一件黑色外套。還記得上次見面時，她穿的是灰色連帽外套與牛仔褲，服裝風格截然不同。

工作時爲了表達對客戶住家的敬意，我一定會穿著正式套裝，但我還是第一次遇到客戶穿戴整齊迎接我的到來。

「我決定從今以後要好好對待自己的物品與住家。」

她鏗鏘有力的語氣令我印象深刻。

由於看到她的轉變，我決定收眞由美小姐爲徒。成爲師徒之後，她對於整理的熱情令我備感驚喜。

只要時間允許，她幾乎都會以助理的身分隨我一起去上課，幫我拿垃圾袋、集中衣服、銷毀寫著個人資料的文件等等。有時，她還會拿起鐵鎚拆解清空的不鏽鋼層架，或是組裝買來之後從沒用過的咕咕鐘，安裝在牆上。

我在指導客戶時，她會安靜地坐在地上，默默觀察整理狀況，絕對不會打擾我們上課。上完課後，我們會去咖啡廳，一邊喝咖啡，一邊特訓兩個小時，複習當天上課時的注意事項及整理祕訣。

只要跟我在一起，她一定會拿著小筆記本，記下我說的話、她學到的知識或收納訣竅，每一頁都寫得密密麻麻的。

眞由美小姐成爲我的徒弟已經兩年了，在我眼中，現在的她簡直跟以往判若兩人。不只是整理技巧進步了，言行舉止也充滿自信。

前幾天，我不經意地問她：「眞由美，妳對自己的人生心動嗎？」她立刻回答：「我好心動！」

或許眞由美小姐身邊的親友還沒察覺到她的轉變，不過，這小小的變化將會爲她的人生帶來極大的改變。

整理一定會改變人生。不過，這個轉變並非社會地位的提升，也不是讓你賺到更多財富。不可否認的，確實有人因爲整理而在社經地位方面獲得成功，然而，**最大的轉變是在整理的過程中喜歡上自己。**

整理可以使你產生微小的自信。

讓你相信自己的未來。

很多事情愈來愈順利。

你會遇到不同的人。

發生意想不到的好事。

正向轉變愈來愈快。

於是，你就能打從心底享受自己的人生。

這樣的轉變不只是眞由美小姐，每個人都能感受得到。

無論你是什麼樣的人，只要體驗過整理完成後的小小成就感，就會想要告訴更多人整理的樂趣，向身邊親友「熱情地分享」整理爲自己帶來的轉變。整理就是這麼一件具有渲染力的事。

原本不擅長、也討厭整理的眞由美小姐就經歷過這一連串變化。每當我看著她在我身邊暢談整理心得的模樣，我不禁更加肯定「整理魔法」的強大力量。

「整理之後，男友向我求婚了！」

每當我問客戶：「妳希望將房間整理成什麼模樣？」大多數人都會回答：「我希望整理成可以結婚的模樣。」

我的專長並不是藉由整理房間提升戀愛運或結婚運，不過，**我的確常聽客戶說，在整理完畢後，她們談戀愛變得相當順利。**

克服了不擅長整理的難關之後，有些人會對自己產生信心，主動求愛；也有人因為房間突然變得很乾淨，讓男友再次愛上她，進而向她求婚。每個人都有不同的歷程和原因。相反的，我也經常聽到客戶在整理之後與交往中的男友分手。**姑且不論她們的戀情發展結果如何，整理確實具有「整頓愛情的效果」**。

在上課之前，我通常會先聆聽客戶的煩惱，了解對方的需求。有一次在幫N小姐上課時，她起先是向我訴說整理方面的困擾，卻在不知不覺間開始談起愛情的煩惱。

「我不知道是否還要跟現在的男友繼續交往下去。」

她與男友交往了三年，對方是她公司裡的前輩。她的房間裡到處擺放著男友的衣服與日常用品，我不可能給她戀愛忠告，只能建議她如何整理房間。

說到這裡，**根據我觀察眾多客戶所得的經驗，我發現，凡是與戀愛對象關係出問題的人，他們在整理時都有一個共通點，就是「未處理的文件相當多」**。N小姐也是。打算有空就去解約而完全沒用的存摺、搬家後應該向各機關遞交的地址變更申請書、一直想要好好歸檔的食譜剪報……從她的房間裡不斷挖出這類文件。

「嗯……看來在煩惱如何整理之前，我有好多事情必須先做完。」N小姐苦笑著說。於是，我請她在下次上課之前處理完所有文件。

第二次上課時，我發現N小姐的表情比上一次愉快許多，上一堂課留下的功課，她也全部做完了。聽說她請了一天特休，一口氣完成所有該辦的手續。而且，隨著整理進度愈來愈順利，她再也無法欺騙自己去忽略與男友在一起時那種「煩心的感覺」。於是，她決定跟男友暫時分開一陣子。

「我想要暫時跟男友分開，好好整理自己的心情。」

N小姐的課只上了兩堂就結束，她正式畢業了。

五個月之後，我有幸再次遇見N小姐。聽到她後來的發展，我相當驚訝——她決定跟之前暫時分開的男友結婚。

「在那之後不久，他就向我求婚了。如果當時我還是處於心煩意亂的狀態，絕對無法立刻回覆。

「不過，暫時分開一陣子之後，我的心靜了下來。正因爲知道什麼是心動的感覺，我才能以穩定的心情答應婚事。」

N小姐在述說自己的心路歷程時，臉上綻放出幸福的笑容。她的表情令我印象深刻。

根據我指導眾多女性整理技巧所得的經驗，**我發現沒有機會談戀愛的女性朋友，大部分都堆積了許多舊衣服與文件**。此外，有交往對象卻關係不明的女性，大多草率地對待留在自己身邊的物品。

人際關係會反映在自己與物品之間的關係上。同理可證，自己與物品之間的關係也會顯現在人際關係上。

「整理結束後，我終於敢向先生表白：『很慶幸可以嫁給你。』」

我的客戶近半數都是媽媽，不只要養育幼兒，還要兼顧工作，我在上整理課時親眼見證了許多職業婦女的辛苦生活。

F太太就是其中之一。她與先生都是小學老師，育有四歲和兩歲的小孩，一家四口生活在一起。

「我每天都好累，下班回家往往累到連撿起眼前垃圾的力氣都沒有，讓我不禁討厭起自己，爲什麼連這點小事都做不到……

「我先生每天都很晚才回家，我很清楚他的工作有多累，所以也不能多說什麼。

「我明明很喜歡工作，卻不知道該不該繼續這樣的生活，有時會感到很不安。『我現在必須『努力撐下去』『想辦法克服困難』，才能維持正常生活。我眞的很希望擁有一段優閒的時間，可以用自己喜歡的杯子喝茶。」

結果，原本充滿煩惱的F太太，在整理結束後發現自己還是很喜歡現在的工作。過去一直覺得「很占位子，想要減少數量」的各式教材，現在卻相當令她心動。

「書櫃和棉被壁櫥裡堆滿了第二名、第三名的物品，反而讓我無法好好珍惜最重要的事物。一直以來，我也沒有好好愛惜自己。

「我現在有時還是會因爲太忙而忘了洗衣服，累到什麼事都不想做。但是，我不再感到不安。我會告訴自己今天太累了，好好休息就好。」

此外，F太太與先生之間的關係也產生了變化。過去兩人是「各自扮演好自己的角色」，現在則會「想要一起經營家庭」。

她和先生再次敞開心房，共同討論家庭的未來，還一起去上課進修。

「我們各自思考，然後跟對方分享『二十年後想要過什麼樣的生活』。結果發現，我們兩個人都想住在現在的家。

「我第一次向我先生表白：『我很慶幸可以嫁給你。』眞的好害羞喔！」

F太太的工作和人際關係並沒有發生太大的變化。

「雖然還是像以前一樣煮飯、折衣服，但感受到幸福的時刻愈來愈多了。」每次聽整理完畢的客戶暢談自己的心情時，這是最常聽到的感想。

客戶以他們的親身經驗教導我，珍惜習以為常的平凡生活，才能度過怦然心動的每一天。

你沒有必要喜歡家人的東西，只要接受就可以了

「我好想讓我媽媽學會整理……」

「我希望我太太可以上整理課！」

我經常收到這樣的電子郵件。

整理自己的物品到達某種程度時，就會很在意家人的東西及公共空間。

「雖然家人看到我整理自己的物品，也開始丟掉他們的東西，但我怎麼看都覺得他們做得不夠。不管我怎麼做，他們都不願意好好整理……」

隨著整理進度愈來愈順利，每當看到自己的房間整整齊齊，家人的房間卻凌亂不堪時，心情就會愈來愈煩躁……這樣的感受我也深刻體驗過。

「我就是看不慣老公的東西！」

Y太太在課程進入尾聲時，一邊嘆氣，一邊向我訴苦。當時她的私人物品已經全部整理完畢，只剩下廚房用品的整理及玄關和盥洗室的收納而已。Y太太和她先生有兩個小孩，一家總共有四名成員。

她丟了許多自己的東西，衣櫥與梳妝檯只剩下會讓她心動的物品，她覺得相當滿意。

不過，最讓她看不順眼的就是她先生專用的空間。那個地方大約有兩坪，是從四坪大的房間隔出來使用的。

就Y太太看來，那個空間裡擺滿了「沒用的東西」，包括戰車模型、日本戰國武將的公仔，以及江戶城和大阪城的模型等。擁擠雜亂的感覺，確實與Y太太想要的整潔、清爽、自然的居家風格背道而馳。

不過，我可以從中感受到她先生特有的秩序與講究，那些東西看起來並非隨意放置。

「其實就連書櫃我們也是一起使用，上半部是他的，下半部是我的。不過，每次站在書櫃前面選書時，一看到『戰國的』這幾個字開頭的書，我就覺得很痛苦……」

看來Y太太真的很討厭那些東西，於是我問她：「妳先生會跟妳分享他的個人興趣嗎？」她答道：「幾乎不會，因為我完全沒興趣。」

在這堂課結束前，我給Y太太出了一項作業，請她在下次上課之前完成。

「面對自己看不慣的事情，大前提就是不要看、不要在意。如果真的一看到妳先生的東西就心煩，不妨大膽碰觸那些物品。妳可以把那些公仔拿起來看，或者輕輕觸摸書背，而且至少要凝視自己碰觸的物品一分鐘。」

到了下一堂課上課時，我問她有什麼感覺，她對我說：

「剛開始，我很討厭摸那些戰國相關商品。坦白說，我覺得老師出的作業好煩喔！

「可是，結果真的很不可思議。我花了一分鐘從各個角度觀察我先生的收藏，突然發現：『這座城做得好細緻喔！』『如果穿上印著這個武將名字的T恤，不曉得會是什麼感覺？』我開始湧現以往不曾有過的想法。

「最後我真心地想，原來這樣的東西能讓我先生感到心動，眞的很感謝它們對我先生的付出。」

我給Y太太出的作業成效相當好。

既然無法忽視，就好好面對它。

第一步是用手觸摸。光用眼睛看，根本看不出自己的先生喜歡的東西有什麼好，但是把物品拿在手上時，它就變成一個獨特的個體，化身爲「武田信玄的公仔」。光是用手觸摸就能降低一半的排斥心理，這個道理就像原本很討厭某個國家，但如果眞的遇到那個國家的人，就立刻變得沒那麼討厭了。

話說回來，碰到打從心底不想看到的物品，或是天生就排斥的東西，例如昆蟲的攝影集、殭屍電影的立體透視模型這類帶有驚悚風格的物品，也不必硬逼自己去摸。雖說使用激烈的手段，每看一次就能增加一些抗體，漸漸地就不會害怕了，但也沒必要讓自己留下心理創傷。此外，對方不希望被看到的東西或不能碰觸的貴重物品，絕對不可犯忌，故意去摸。

你沒有必要喜歡別人的所有物，只要接受就可以了。

就算不是自己的東西，它們還是家人的所有物、是存在於這個家的物品，這是不變的事實。**從「家庭」這個宏觀角度來看，你的東西、家人的東西，同樣是「這個家**

的一分子」。

最重要的是，每個人是否都能了解這一點。

即使是朝夕相處的家人，某種程度上還是要區隔出各自擁有的私人空間。只要確實劃分出「從這裡到這裡是我可以自由運用的區域」，大家自然就會避免私人物品超出使用範圍。相反的，假如完全不劃分區域，大家就無法感受到收納空間有限這個事實，不知不覺間，東西便愈堆愈多。對物品和家族成員來說，這樣的結果十分不便。

此外，劃分出每個人的使用場所之後，千萬不要干涉家人如何運用。我在第二章的最後提到「打造出屬於自己的私人空間」，事實上，**不只是自己，「其他家人的私人空間」也很重要**。

最後要注意的是，當家人整理之後，一定要樂於讚美，絕對不可挑剔。

整理是一種具有渲染力的魔法，若是強迫別人接受，一定會被拒絕。以《伊索寓言》裡的「北風與太陽」這個故事來比喻，採取「太陽」的策略，絕對是最聰明的做法。

絕對不可強迫不想整理的人開始整理

過去我曾經有個機會參加電視節目的演出，指導某位藝人整理，後來聽說對方的家很快就打回原形了。

雖說那是電視節目，跟我平時上課的情形不同，但對於認眞整理到最後一刻的人來說，那是前所未有的經驗。我對那位藝人深感抱歉的同時，也因爲這件事受到不小的打擊，沮喪了好一陣子。

不過，多虧有那次經驗，讓我發現自己過於自大，認爲「只要由我幫忙整理，任何房間都絕對不會打回原形」。而且，我心中還有一個先入爲主的觀念，覺得「人唯有住在收拾得整潔清爽的房子裡，才會感到幸福」。

雖然不知道是不是眞的，但我聽別人說，那位藝人在現在的房子裡住得相當開心。

現今最多人問我的問題就是：「我該如何讓家人學會整理？」不過，每次一深入詢問，或者見過對方的家人之後，通常會發現就連我也無能爲力。

原因在於，當事者並不想要改變現狀。

《爽快的「不丟棄」技術》是我最喜歡的書之一，作者是一位收藏數千個納豆和巧克力外包裝的博物學者。他宣稱：「我不喜歡沒有生活氣息的寬敞住家。」徹底主張「不丟物」的人生美學。

對他而言，像現在這樣生活在充滿物品的空間，才能讓他心動。

無須大力主張，我也相信各位都能理解，每個人對於住在什麼樣的空間裡才會心動都有不同的想法，價值觀也大相逕庭。

人無法改變別人，也絕對不可以強迫別人學會整理。

坦然接受與自己價值觀截然不同的人，才算眞正完成整理作業。

我自己以前住在老家時，從來不曾在整個家裡打造出「理想生活」的模樣。哥哥和妹妹房間裡的東西比我還多，而每次整理過盥洗室之後，不出幾個小時又會恢復原本雜亂的狀態。面對這樣的結果，我已經數不清自己到底失望過多少次。

每當這個時候，我心中就會開始出現極度傲慢失禮的想法，覺得：「那個人住在那樣的空間裡好可憐喔！」「他每天的生活一定都沒有心動的感覺。」

不過，事實又是如何呢？事實就是，當事者在那樣的房間裡覺得很自在，只有我一個人以爲對方很痛苦。而且每當我產生這樣的想法時，往往都是我自己的房間雜亂無章，或是工作遲遲沒有成果的時候，毫無例外。換言之，就是我自己的整理作業還沒有完成。

這不只是我個人的經驗，幾乎所有「正在整理」或「整理結束」的人都會發生這種狀況。

因此，當你覺得家人的東西很礙眼時，請務必集中心力，好好完成自己的整理作業。**一旦物品的整理作業眞正完成，你就會看見接下來要做的事，以及自己該從事的工作。說得具體一點，你會身心充實到根本沒有時間抱怨別人。**

話說回來，面對物理性整理作業游刃有餘的我，如今依然持續努力精進，希望可以早日達到這個境界……

教孩子折衣服，有助於培養他的整理習慣

若已經徹底整理好自己的私人空間，卻還是「一看到家人散漫的模樣就焦躁不安」，這時該如何解決？

當家人完全沒有意願整理時，絕對不能強迫對方整理。誠如我先前所說，強迫不想整理的人整理，站在對方的立場來看，這樣的行爲是善意的雞婆。

如果遇到這種情形，你唯一能做的就是接受現狀。

而且只要「專心打掃」，就能減輕這種焦躁不安的感覺。

某種程度上，我提倡的「整理節慶」屬於一口氣改變環境的方法，完成之後，你要做的就是「日常的整理」，也就是東西用完後放回原位、使用時心存感謝，以及愛惜使用這三大重點。而在進入「日常的整理」之前，一定要先打掃。

重點就是從自己的空間開始徹底打掃。先讓私人空間維持一定程度的整潔，再繼續打掃玄關與盥洗室等公共空間。

不要期待家人幫忙整理，投入自己全部的心力好好面對所有物品，就是消除焦慮感的祕訣。默默動手，然後看著家裡愈來愈乾淨，不知不覺間就能穩定心情，一掃焦躁不安的情緒。

假如家人看到整理完畢的你如此開心愉快，於是也想要整理看看，不妨試試接下來介紹的小方法。

當你發現家人也有整理的意願時，請務必主動要求幫忙，一起參加整理節慶。話雖如此，你要做的並不是確認家人是否學會心動判斷法，而是協助對方完成整理作業。

整理節慶比想像中耗體力，不只要將東西集中在一處，還得搬運裝滿的垃圾袋。**絕大多數人都是因爲覺得「好像很辛苦」，以致雖然有整理的幹勁，卻遲遲無法開始**。因此，與對方共同分擔體力勞動，就能有效幫助家人開始整理。

如果當事者一心只想「自己獨力完成」，就別硬要幫忙。等到他在過程中問你：「這個應該可以丟掉吧？」你只要回他：「可以！」鼓勵他繼續努力就行了。

此外，遇到不擅長整理的家人終於下定決心「靠自己的力量完成整理作業」時，整理節慶已經結束的你最需要教導對方的事情，就是「衣服的折法」。

這個答案或許讓你感到很意外，事實上，能否學會衣服的正確折法，將大大影響往後整理的持續力。

想要培養將物品拿在手中「判斷是否心動」的能力，習慣會比學習更有效，因此只能靠自己累積經驗，不斷精進。不過，「學習衣服的正確折法」是一種技術學習，去請教已經學會的人，不僅事半功倍，學起來也比較輕鬆。

教孩子折衣服其實也是同樣的道理。

許多客戶都會抱怨：「我的小孩都不收東西，我好困擾……」事實上，他們大部分都是拚了命想要教小孩養成收拾玩具的習慣，但這不是正確的方法。

玩具有各種不同的材質和種類，而且品項繁多、不易分類，收納方式較爲複雜。再加上孩子不是每天都會玩同一款玩具，不太容易養成整理的習慣。

另一方面，衣服在分類上比較簡單，也是每天一定會穿戴的物品。只要學會正確折法，就能輕鬆放回抽屜裡的固定位置，也比較容易養成每天整理的習慣。

更重要的是，透過折衣服的過程，可以將「謝謝你讓我今天也很溫暖」「謝謝你保護我」等種種心情傳達給物品，比起單純「用完後放回原位」，這樣做更能讓孩子學習到整理的本質。

因此，無論大人或小孩，衣服的折法都是整理的必修課。我在電視節目上介紹衣服的正確折法之後，獲得觀眾廣大的迴響，其中最常聽到的感想就是：「節目播出後，我們全家人立刻試著做做看，結果大家都折得好開心喔！」

「折衣服」不只可以促進家人溝通，還能讓家裡愈來愈整潔，眞的很不可思議。能否將整理習慣傳染給全家人，完全看你怎麼做。就請從折衣服開始，打造全家同樂的整理經驗吧。

即使整理失敗，你的家也不會爆炸

最近我開始上麵包課，學習自己做麵包。我有一位客戶是咖啡館老闆，她店裡提供的手工麵包眞是一絕，讓我也想要學做這麼好吃的麵包。就在此時，她告訴我她也有開麵包教室，於是我馬上就報名了。

她的課程很好玩，簡直就像做化學實驗一樣。學會基本做法之後，接著就改變麵粉和酵母的用量，以及發酵時間，做出一大堆不同口感的麵包來試吃、評比。老師還會根據不同成分比例在麵包裡產生的變化，說明味道與口感的差異，讓學員從麵包結構了解麵包的做法。然後，我們可以從這麼多的麵包之中找出自己最喜歡的一種，從下一堂課開始各自練習製作，並在老師的指導和建議下吸收、學習。

雖然特地去學做麵包，但我的生活還是只有整理這件事，根本沒時間做麵包，內心覺得極度不安。

「老師之前說添加蔬菜泥時，用量不可超過麵團的兩成。但是，我想製作含有大量胡蘿蔔的麵包，可以增加用量嗎？」

「我不知道什麼樣的狀態代表麵團揉好了。」

「我每次都會過度發酵。」

其他學員不斷在上課時提出問題，老師也面帶笑容地親切回答。

「各位同學，麵包不會爆炸喔！」

說到底，麵包就是混合麵粉和水烘焙出來的食物。只要按照基本步驟去做，製作出來的麵包應該都會很好吃，就算失敗，也會產生有趣的口感。由於每個人喜歡的麵粉味道與烘焙程度不同，不妨多加嘗試，享受實驗的樂趣。這就是老師想要告訴我們的觀念。

老師說的那句話，讓我突然間清醒過來。

我一直認為製作麵包是很難的事，做之前就告訴自己「絕對不能失敗」，結果變得綁手綁腳。

事實上，不必因為製作的是麵包就緊張兮兮，把它當成一般料理看待即可。

整理也是同樣的道理。

每次舉辦整理講座時，一到問答時間，就有許多學員舉手發問。

「我家玄關有個細長型的衣櫥，冬天的大衣和圍巾都收在那裡，出門前打開衣櫥就能穿上，真的很方便。可是這樣一來等於把東西分散收納了，這個做法可以嗎？」

當然可以。在當事者心目中，這些東西屬於「出門裝備衣物」類，因此不算分散收納。

「妳說過不能讓家人看到要丟的東西，但我們家是由我跟我先生一起整理，每次他都會建議我『這個不需要』『這個不適合妳』，讓我可以比較輕鬆地挑選物品，整理起來也更有趣。不過照妳的說法，我是不是應該一個人安靜地處理自己的東西比較好？」

請維持現狀，跟先生一起開心地整理吧！不過必須注意，只要是無法讓自己心動的物品，即使先生說要留下，也要堅定地不受影響。而東西丟掉之後，不管發生什麼事，都必須由自己負責，這一點很重要，千萬不能忘記。

「我眞的不會折衣服！我會折內衣和襪子，但我已經放棄去折開襟外套和針織衫，全都掛起來收納了。有沒有其他更好的方法呢？」

老實說，最近我有一位客戶也採取同樣的方法，吊掛收納並沒有任何問題。不過要注意的是，吊掛收納的衣服愈多就愈占地方，建議改用較細的衣架，調整收納空間。

所有提出問題的學員在整理時都採取了與我建議的方式不同、屬於他們自己的整理技巧，不過正是因爲他們都很認眞看待整理這件事，才會在過程中一直想著：「我不想失敗。」「這個做法眞的可以嗎？」於是，整個人惶惶不安。

我要告訴各位，別擔心，即使整理失敗，你的家也不會爆炸。

請先丟掉先入爲主的觀念，遵守整理原則。在遵守原則的情況下整理過一遍之後，再依照自己的心動感受調整細節，創造出自己專屬的整理技巧。如此一來，不僅可以讓整理變得更有趣，還能在短時間內完成整理節慶。

整理節慶就是以享樂取勝。

只要確實掌握原則，其他細節就讓「能否讓自己心動」來決定。這樣做完全沒有問題。

老實告訴各位，我到現在依然不是很會做麵包，每次總是會忘了放某些材料，或者因爲做得太高興而揉過頭，也經常忘記自己在醒麵團，就這麼睡著了。雖然發生過這麼多糗事，我還是做得很開心。而只要自己開心，就沒有任何問題喔。

心動的物品會收藏重要的回憶

隨著開設整理課程的時日一久，很多人看到我，都會叫我「老師」。

我從很久以前就覺得自己的物質生活相當充實，在親身實踐心動判斷法完成整理作業之後，我的衣服再也不會溢出衣櫥，也不會再有書堆疊在地上。

儘管每次換季時，我都會買新衣服，也會買新的生活用品，但我同時也會丟掉已經完成使命的物品，所以我家不會堆滿東西，我與物品之間的關係也十分穩定。我十分珍惜自己所擁有的，這一點我很有自信。

即使如此，我心底還是會有「好像缺了什麼、不夠滿足」的感覺。

莫非還有什麼是許多已經整理完成的客戶早已察覺，但我自己還沒有發現到的嗎？這種怪異的感覺一直縈繞在我心裡。

前陣子，每天工作滿檔的我突然打電話回家，約大家一起去賞櫻花——上一次我們全家人一同去賞花，已經是十五年前的事了。

不過，我們並不是去櫻花名勝，而是前往老家附近的公園賞花。那座公園開滿了櫻花，人煙卻很稀少，可說是我們的祕密基地。

儘管是臨時邀約，媽媽還是做了飯糰，而我和妹妹年紀一大把了，還像孩子一樣嬉鬧。

打開包袱巾，看到便當盒裡放了包著海苔的梅子與鮭魚飯糰、炸雞、番薯做的小菜，以及黃色與紅色的小番茄。菜色雖然不多，但媽媽費盡心思搭配出色香味俱全的菜餚，充滿愛心的便當讓我相當感動，同時也開啓了我的工作模式。我的整理腦不禁想著：「便當盒裡放滿了我最愛吃的菜，簡直就是完美的抽屜收納法！」

不過，媽媽準備的賞花料理不只這些。

打開另一條包袱巾，發現裡面放著櫻花色的甜酒，以及點綴著粉紅色櫻花圖案的小型透明玻璃杯。添加紅麴增色的粉紅色甜酒倒入杯中，看起來就像玻璃杯裡開滿了櫻花。全家人不禁同聲讚歎：「好美喔！」「這就是賞花的感覺呢！」然後邊喝酒，邊賞花。這片櫻花是我看過最美麗的。

回家之後，我發現家裡的氣氛變了，與平時不同。當然，家裡現在的布置跟昨天之前完全一樣，心動物品也全都放在固定位置安心休息，這是我最喜歡的家。

就在此時，我突然想起白天賞櫻時喝酒用的櫻花圖案玻璃杯。

我終於知道了。媽媽準備的櫻花圖案玻璃杯，讓我發現到自己過去未曾察覺的某種心情——

「人會將美好的回憶注入物品之中，我想要實現這樣的生存之道。」

櫻花玻璃杯將短暫的賞花時刻轉化成美好的回憶，就像媽媽一樣細心溫柔。

過去在老家看到那些玻璃杯，只是單純覺得可愛，然而，現在它們竟然蘊藏著「賞花時媽媽倒甜酒」的美好回憶，變身成極爲重要的玻璃杯。

那次賞花的經驗讓我察覺到，**陪伴自己度過美好獨處時光的物品，其重要性比不上蘊藏著「與重要的人共同創造的珍貴回憶」的東西**。

因爲自己喜歡而穿的衣服和鞋子，對我來說絕對是重要物品，這一點無庸置疑。

但我也體會到，蘊藏著與重要的人共同創造的珍貴回憶的東西，是其他物品遠遠比不上的。

我眞正想要的是與家人共度的時光。

過去我花了許多時間面對物品、自己和工作，相較於這些時間，我與家人相處的時間完全不夠。

當然，今後我仍然會很重視自己獨處的時光，這一點不會改變。

不過，若是問我爲何珍惜獨處的時光，我的答案是：有了美好的獨處時光，我才能與重要的人度過更美好的相聚時刻，也可以讓周圍的人更加幸福。

若不是因爲在我的記憶裡留下了甜酒的回憶，我想我不可能記住那個平凡無奇的玻璃杯。

收藏滿滿回憶的物品可以讓重要時刻鮮明地留在記憶裡。

收藏滿滿回憶的物品總是能讓很久以前的回憶清楚地刻印在自己心中。

我發現，當充滿回憶的物品愈來愈讓自己心動時，它就會收藏更多美好的回憶。

就算以後那個玻璃杯不小心摔破了，或者有一天玻璃杯完成了自己的使命，我必須好好向它道謝，讓它走出我的生命，那次賞花的回憶還是會留在我內心深處。

物品就是自己的分身。

然而，即使物品消失了，回憶與記憶還是會永遠留存。

認眞面對所擁有的物品，留下讓自己心動的東西，接著，只要好好思考該如何珍惜它們、如何與它們共度美好的時光就可以了。往後的每一天，你都會過得非常開心，生活充滿喜樂，心情也會愈來愈輕鬆。

爲了早日迎接這樣的日子，請務必盡早完成物品的整理作業。

這樣，你的未來會有更多時間在重要的人事物圍繞下生活，度過怦然心動的每一天。

❶花牌亦稱爲歌留多、骨牌，是日本人習慣在正月玩的紙牌遊戲。玩法是將所有紙牌排在兩人之間，由第三人唸出和歌上段，看比賽的兩人誰先找出相對應的下段花牌，找到最多花牌者贏。最知名的遊戲爲「小倉百人一首」。

結語

整理不是要否定過去，而是爲了認同現在

世界上有許多細膩的收納技巧，但我還是認爲「整理的九成得靠精神」。

說穿了，整理就是在檢視自己。

因此，一定會遇到艱辛痛苦的時候。

不只是要花時間整理過去的人生中累積的物品，還要花費體力。

對了，你現在正在享受整理節慶嗎？

你是否在不知不覺間，將整理當成了目的，像苦行僧一樣埋頭整理，或是一想到整理就覺得鬱悶、痛苦？

更糟的是，你是否認爲只要整理作業尚未完成，所有的事情就無法順利進行？

每次一見到處於上述狀態的人，我就會想起高中時因爲整理過度而病倒的自己。

如果你現在就是這樣，今天就放自己一天假，暫停整理吧！利用這段休息的時間，專心面對你身邊的重要物品。例如你現在穿的衣服、用的文具、電腦、餐具、棉被、浴室與廚房等，向這些圍繞在你身邊的東西說聲「謝謝」。

家裡的每一項物品都只有一個想法，那就是希望讓身爲主人的你感到幸福。

等到你再次湧現「多虧有這些東西一直陪伴我」「即使維持現狀，我也會覺得很滿足」等想法之後，再開始整理即可。

整理不是要否定過去的自己，而是爲了認同現在的自己所做的事。

最後，我要衷心感謝購買本書的你。因爲有各位的支持，什麼都不會、只會整理的我才有辦法完成這本書，眞的很謝謝大家。

誠摯地希望整理魔法可以爲你的每一天帶來心動的感覺，這是我最大的榮幸。

近藤麻理惠（konmari）

國家圖書館出版品預行編目資料

怦然心動的人生整理魔法2──實踐篇・解惑篇／近藤麻理惠著；游韻馨譯.
-- 初版. -- 臺北市：方智，2013.05
264 面；14.8×20.8公分 --（方智好讀；31）

ISBN 978-986-175-307-2（平裝）
1.家庭佈置
422.5　　102004757

The Eurasian Publishing Group 圓神出版事業機構 用心與你對話・網野無限寬廣
方智出版社 Fine Press

http://www.booklife.com.tw　　inquiries@mail.eurasian.com.tw

方智好讀 031

怦然心動的人生整理魔法2──實踐篇・解惑篇

作　　者／近藤麻理惠
譯　　者／游韻馨
發 行 人／簡志忠
出 版 者／方智出版社股份有限公司
地　　址／台北市南京東路四段50號6樓之1
電　　話／（02）2579-6600・2579-8800・2570-3939
傳　　真／（02）2579-0338・2577-3220・2570-3636
郵撥帳號／13633081　方智出版社股份有限公司
總 編 輯／陳秋月
主　　編／賴良珠
責任編輯／黃淑雲
美術編輯／劉嘉慧
行銷企畫／吳幸芳・施伊姿
印務統籌／林永潔
監　　印／高榮祥
校　　對／柳怡如
排　　版／莊寶鈴
經 銷 商／叩應股份有限公司
法律顧問／圓神出版事業機構法律顧問　蕭雄淋律師
印　　刷／祥峯印刷廠
2013年5月　初版
2023年3月　31刷

JINSEI GA TOKIMEKU KATADUKE NO MAHOU 2

定價 250 元　ISBN 978-986-175-307-2　